Jenan Hussein

O impacto das políticas ambientais

Jenan Hussein

O impacto das políticas ambientais

Aplicação de infra-estruturas verdes e azuis para cidades resilientes utilizando o método MSPA - Estudo de caso da cidade de Praga

ScienciaScripts

Imprint
Any brand names and product names mentioned in this book are subject to trademark, brand or patent protection and are trademarks or registered trademarks of their respective holders. The use of brand names, product names, common names, trade names, product descriptions etc. even without a particular marking in this work is in no way to be construed to mean that such names may be regarded as unrestricted in respect of trademark and brand protection legislation and could thus be used by anyone.

Cover image: www.ingimage.com

This book is a translation from the original published under ISBN 978-3-659-96555-5.

Publisher:
Sciencia Scripts
is a trademark of
Dodo Books Indian Ocean Ltd. and OmniScriptum S.R.L publishing group

120 High Road, East Finchley, London, N2 9ED, United Kingdom
Str. Armeneasca 28/1, office 1, Chisinau MD-2012, Republic of Moldova, Europe
Managing Directors: Ieva Konstantinova, Victoria Ursu
info@omniscriptum.com

Printed at: see last page
ISBN: 978-620-8-39575-9

Resumo

Nos últimos anos, para pessoas e organizações de todo o mundo, particularmente nos centros urbanos, tem crescido a preocupação com a integração de políticas ambientais em busca de cidades sustentáveis e resilientes. As cidades sustentáveis e resilientes priorizam, dentro de suas estratégias de desenvolvimento, a integração das dimensões social, econômica e ambiental nas decisões tomadas durante a elaboração, implantação e desenvolvimento de projetos urbanos que buscam viabilidade. Elas são a favor da qualidade de vida presente e futura para as gerações atuais e futuras. Com o crescimento de infra-estruturas bem desenvolvidas e interligadas, a conclusão do desenvolvimento de cidades sustentáveis e resilientes é uma questão fundamental para o desenvolvimento urbano. Os antigos conceitos de crescimento urbano, com o predomínio do urbanismo verde, e o recente conceito de urbanismo azul moldam inevitavelmente uma cidade numa visão desenvolvida. O urbanismo verde e azul é uma visão holística e integrada do planeamento urbano que incorpora princípios de desenvolvimento sustentável, tendo em conta a estrutura da cidade específica e dos seus habitantes. Este objetivo central do urbanismo verde e azul inclui princípios económicos, sociais, urbanos e ecológicos regionais, enfatizando a importância dos processos de tomada de decisão e a orientação espacial das políticas públicas e medidas para o desenvolvimento sustentável com a sustentabilidade da cidade.

Palavras-chave: *Políticas Ambientais, Métodos MSPA, Infraestrutura Verde Azul, Cidades de Resiliência, Cidade de Praga*

Índice

1. Introdução

Estas políticas foram classificadas segundo o método MSPCF (Multi-Scale Policy Classification Framework) em função dos seus objectivos e das escalas em que são aplicadas em quatro grupos principais e vários subgrupos. Os principais grupos são: institucional, financiamento, ordenamento do território e infra-estruturas. A aplicação das infra-estruturas verdes e azuis numa cidade do Estado de São Paulo, Brasil, foi utilizada como exemplo. Os resultados mostram que a maioria das políticas está classificada no subgrupo de políticas de infraestrutura, especialmente na escala local, indicando que a maior parte das iniciativas deve ser tomada pelos municípios. É importante destacar que a classificação das políticas apresentada neste trabalho pode ser muito útil para os tomadores de decisão, ajudando-os a compreender os objetivos e as escalas das políticas propostas, a fim de tomar as ações adequadas para aumentar a resiliência de suas cidades. (de et al.2021)(Bellezoni et al., 2021).

Devido ao crescimento urbano, ao excesso de construções imobiliárias relacionadas ao uso inadequado do solo e às condições climáticas das regiões Sul e Sudeste do Brasil, as ilhas de calor urbanas vêm aumentando. Além disso, essas regiões vêm sofrendo com secas severas seguidas de crises hídricas. Esses fatos levam a cidades com menor resiliência e capacidade de recuperação de eventos extremos. É sabido que a aplicação de infra-estruturas verdes e azuis pode ajudar a mitigar estes problemas, aumentando a resiliência urbana. No entanto, são necessárias políticas que incentivem a implementação destas infra-estruturas. Nesse sentido, discutimos neste trabalho algumas políticas, em três diferentes escalas de governo (local, estadual e federal), que poderiam ser aplicadas com o objetivo de aumentar a qualidade ambiental e prevenir novos inconvenientes induzidos pelo clima, o que contribuiria para a construção de cidades com mais resiliência. (de et al.2022).

1.1. Antecedentes e justificação

Regras claramente formuladas são necessariamente uma condição importante de sistematicidade na organização dos territórios: divisão administrativo-territorial (estabelecimento de distritos administrativos e conselhos rurais), planeamento urbano e construção de edifícios, proteção histórico-cultural dos territórios, utilização da natureza e proteção ecológica, recuperação da natureza e proteção das terras contra a poluição agrícola, e outros. O desenvolvimento de normas regulamentares inconscientes como a aplicação de actividades legislativas e administrativas no planeamento da organização territorial leva ao aparecimento de processos caóticos de desenvolvimento da cidade, o que pressupõe a descontinuidade da cidade.

Atualmente, a sociedade enfrenta cada vez mais riscos naturais e de origem humana, como inundações, secas, ondas de calor, incêndios, furacões, terramotos e acidentes industriais. Os seus efeitos negativos podem causar grandes perdas humanas e prejuízos económicos significativos. O desenvolvimento urbano sustentável exige uma capacidade de resistência adequada a estes choques e tensões adversos. As infra-estruturas verdes e azuis da cidade podem aumentar a sua capacidade de resistência às alterações climáticas e meteorológicas. Assim, as políticas ambientais que estimulam abordagens sustentáveis ao desenvolvimento da cidade podem aumentar o bem-estar da sociedade porque a cidade será mais atractiva e confortável para viver. (Li et al., 2021).

Definições

1.1.1 Resiliência urbana

Nos últimos tempos, a noção de resiliência ganhou muita popularidade nos discursos políticos e académicos, com várias explicações para essa popularidade. Possivelmente, a teoria da resiliência oferece uma visão mais profunda dos intrincados sistemas socioecológicos e da sua gestão sustentável, particularmente no que respeita às alterações climáticas. Considerando que a teoria da resiliência socioecológica compreende os sistemas como estando em constante mudança de forma não linear, a abordagem seria altamente pertinente para lidar com as incertezas climáticas futuras. O termo resiliência também é conhecido por ter conotações sociais positivas, o que levou alguns a sugerir que é preferível a noções semelhantes, mas altamente carregadas, como a vulnerabilidade. Especificamente, a resiliência revelou-se um ponto de vista lucrativo em termos de cidades, frequentemente teorizadas como sistemas altamente intrincados e adaptativos (Sahni & Aulakh, 2021).

A expansão contínua das grandes cidades e o aumento da resiliência urbana são os desafios com que a sociedade se confronta atualmente. A noção de resiliência urbana surgiu como uma resposta às ameaças à sobrevivência urbana e ao desenvolvimento sustentável. Em comparação com os estudos efectuados no passado sobre catástrofes urbanas, risco urbano e vulnerabilidade urbana, a resiliência urbana refere-se ao nível de risco que uma cidade será capaz de suportar e ao seu ritmo de recuperação após uma catástrofe. Trata-se de um desempenho alargado de reforço da capacidade em termos de resistência ao risco urbano, de redução da vulnerabilidade urbana e de redução das perdas urbanas após uma catástrofe. Em contrapartida, a resiliência urbana tende a ser altamente global e estratégica (Zheng et al., 2018).

Enquanto conceito, a resiliência urbana foi definida por (Meerow et al., 2016) como a capacidade de um sistema urbano e de cada uma das suas redes sociotécnicas e socioecológicas constituintes, em escalas espaciais e temporais, para manter ou reverter rapidamente para as funções esperadas quando confrontado com uma perturbação, para se adaptar à mudança e para converter prontamente os sistemas que restringem a capacidade de adaptação atual ou futura. De acordo com esta definição, a resiliência urbana é dinâmica e prevê várias vias para a resiliência (transição, transformação e persistência). Reconhece a importância da escala temporal e defende a adaptabilidade geral em vez da adaptabilidade particular.

1.1.2 Infra-estruturas verdes

Para vários ecologistas, as infra-estruturas verdes (IG) induzem uma rede multi-escalar de componentes ecológicos que oferecem vários benefícios e funções. As raízes deste conceito de paisagem remontam à conceção e planeamento paisagísticos do século XIX nos Estados Unidos, como os sistemas de parques de Frederick Olmsted, e a outras tradições de planeamento espacial no Reino Unido e na Europa. Uma noção paisagística de IG continuaria a orientar as iniciativas de planeamento para oferecer espaços verdes de alta qualidade de forma equitativa, gerir os riscos para o ambiente e melhorar a saúde pública urbana. Em 2007, a Agência de Proteção Ambiental (EPA) dos EUA definiu oficialmente a IG como um conjunto de práticas de controlo das águas pluviais que foram utilizadas para cumprir os regulamentos da Lei da Água Limpa (CWA) (Pollalis, 2019). No entanto, considerando que a EPA não tem qualquer autoridade reguladora formal sobre a ocupação/utilização do solo, a aplicação da noção de IG restringe-se às tecnologias de controlo, frequentemente designadas por "melhores práticas de gestão". Estas medidas híbridas para o controlo das águas pluviais são instalações concebidas que operam num continuum "cinzento-verde" (Bell et al., 2019) e têm aplicações extensivas nos EUA (McPhillips & Matsler, 2018).

Foi argumentado que um único significado exato de IG seria um desafio, devido ao facto de o conceito continuar a evoluir e a responder a diversas necessidades. Por conseguinte, a IG pode ser considerada como um conceito-limite, que pode ser definido como termos que funcionam como noções em várias disciplinas ou pontos de vista, referindo-se ao mesmo fenómeno, objeto, qualidade ou processo, mas que têm significados muito diferentes em vários pontos de vista ou disciplinas.

De acordo com a Comissão Europeia (2023), a infraestrutura verde foi definida como uma rede de áreas naturais e seminaturais estrategicamente planeadas, juntamente com outras caraterísticas ambientais, estruturadas e geridas de modo a fornecer uma vasta gama de serviços ecossistémicos, melhorando simultaneamente a biodiversidade. Esses serviços incluem também a purificação da água, a melhoria da qualidade do ar, a oferta de espaços recreativos e a facilitação da atenuação e adaptação às alterações climáticas. Esta rede de espaços azuis (água) e verdes (terra) melhora a qualidade ambiental, a conetividade e o estado das zonas naturais, bem como a qualidade de vida e a saúde das pessoas. O desenvolvimento de espaços verdes pode também apoiar a economia verde, criando simultaneamente amplas oportunidades de emprego.

Políticas ambientais: são definidas como: "As políticas ambientais referem-se a um conjunto de regulamentos, leis e diretrizes estabelecidas por governos e organizações com o objetivo de gerir o impacto humano no ambiente. Estas políticas são concebidas para proteger os recursos naturais, reduzir a poluição, promover o desenvolvimento sustentável e facilitar a conservação da biodiversidade. As políticas ambientais podem abranger uma vasta gama de questões, como a qualidade do ar e da água, a gestão de resíduos, o planeamento da utilização dos solos e a atenuação das alterações climáticas. (Kraft, M. E., & Vig, N. J.2010).

1.2. Objectivos da investigação

Foi encontrada uma investigação de referência relacionada com a regulamentação ambiental dirigida às externalidades ambientais que utiliza uma abordagem multimétodo. A infraestrutura verde é abordada por alguns investigadores no âmbito do ordenamento do território. Abordam as limitações como qualquer oportunidade de avaliação das regras de presença e das regras sequenciais. Para um caso específico de revisão da regulamentação ambiental que resulta em benefícios ambientais, foram encontradas externalidades apresentadas regras destinadas a hotspots que reflectem a regra sequencial de antecedentes contida nas regras de hotspots apresentadas no início. Não há relatos de pesquisas atuais que apliquem o método MSPA e forneçam um conjunto de políticas ambientais baseadas nos padrões contendo regras sequenciais de antecedentes refletidos, bem como considerem a valoração de regras e padrões. (Wei et al., 2022)(Liu et al.2021)

O objetivo desta investigação é definir um conjunto de políticas ambientais para promover a aplicação de infra-estruturas verdes e azuis nas cidades para aumentar a sua resiliência. Para tal, será utilizado o método Multi-Sequential Patterning Analysis (MSPA), baseado no processo de Knowledge Discovery Databases, devido à sua capacidade de efetuar a redução de dados, selecionando os padrões mais importantes para levar as regras sequenciais contidas, permitindo também a valorização dos padrões para levar as regras de interesse presentes a valorização. De acordo com as condições desenvolvidas, a investigação deverá fornecer um conjunto de políticas ambientais de regulação especificada e uma desejável implementação de infra-estruturas verdes e azuis na cidade para aumentar a sua resiliência. (Monteiro et al., 2020)(Mumtaz, 2021)

1.3. Âmbito de aplicação e limitações

A Análise de Preferência Espacial Multiescalar (MSPA) é utilizada aqui como uma ferramenta para a conceção de políticas ambientais que abordam especificamente a construção de infra-estruturas verdes e azuis em áreas urbanas para aumentar a sua resiliência. A abordagem parte do princípio de que a resiliência de uma cidade pode ser melhorada através da construção de infra-estruturas verdes e azuis específicas, sendo a sua implementação mais fácil se as preferências dos órgãos de governação envolvidos forem tidas em conta e, eventualmente, ajustadas. A metodologia proposta facilita o ajustamento das preferências, revelando-as através de um processo de envolvimento das partes interessadas (conduzido de preferência através da apresentação de dados espaciais num ambiente SIG) e visualizando as consequências das escolhas de governação que cada ator terá sobre os vários critérios possíveis, explicitamente a cada nível de governação e num ambiente de governação multinível. (Xu et al., 2023).

O objetivo desta investigação é a formulação de políticas ambientais através de uma abordagem multinível que facilite a implementação de infra-estruturas verdes e azuis selecionadas em diferentes níveis de governação. O artigo propõe um método que estende a Análise de Preferência Espacial Multiescalar (MSPA) para facilitar o desenho de políticas ambientais regionais. Ao nível administrativo local, a MSPA é aplicada para selecionar infra-estruturas verdes (e azuis) para aumentar a resiliência da cidade. A nível regional, o método identifica as preferências para distribuir fundos do orçamento do governo regional explicitamente às administrações locais que estão dispostas a assinar acordos de cooperação para implementar as infra-estruturas verdes e azuis selecionadas. No nível superior, a partir da análise dos critérios predominantes dos diferentes actores até aos três níveis de governação, é possível pôr em prática políticas nacionais que apoiem a construção dos critérios aos níveis regional e local. (Chen et al.2024).

2. Revisão da literatura

Para a implementação da MCDA, são utilizadas várias ferramentas de software comerciais e não comerciais. A seleção baseia-se frequentemente na acessibilidade da ferramenta, nos requisitos de especialização do utilizador, no custo da ferramenta, na compatibilidade do software e nos requisitos de hardware. As ferramentas mais utilizadas incluem: Expert Choice, 1000minds, GoldSim, MATLAB, ModeBrowser, PRIASoft, DEXi, e software de decisão lógica. A plataforma baseada em Excel desenvolvida pelo primeiro autor tem requisitos de licença de software globalmente mais baixos, minimiza a necessidade de um especialista para operar a plataforma e reduz o custo das ferramentas. Uma vez que é utilizada frequentemente, é mais flexível. Além disso, a habitual interface gráfica de fácil utilização do Excel pode ser equipada para envolver VBA, enquanto as ferramentas de software comerciais específicas têm, na sua maioria, módulos específicos para MCDA, o que acarreta um maior risco de falta de consistência. (Valinejadshoubi et al.2024)(Hila et al.2024)

As zonas urbanas têm vindo a registar um aumento da exposição e da sensibilidade em função do crescimento económico, do desenvolvimento das infra-estruturas e da exposição a riscos relacionados com o clima. Para reduzir a vulnerabilidade, as cidades estão a considerar cada vez mais opções políticas para se tornarem mais resilientes. As opções políticas que melhoram ou mantêm o desempenho dos sistemas de proteção naturais ou artificiais (infra-estruturas verdes ou azuis) são fundamentais para diferenciar a resiliência das abordagens mais tradicionais de gestão dos riscos ou das catástrofes. A vontade de investir nesses sistemas não é, porém, simples e depende de avaliações individuais ou colectivas de uma diversidade de benefícios relacionados com o funcionamento desses sistemas. Dado que estas avaliações são específicas de cada local, parece ser importante fornecer aos decisores locais ferramentas que possam ajudar a revelar ou dar prioridade aos benefícios do sistema que poderão ser afectados pelas decisões políticas, a fim de aumentar a inclusividade e a qualidade do debate para gerar apoio aos resultados. (Wardekker et al.2020 (Bibri, 2021).

2.1 Conceito de infra-estruturas verdes e azuis

A história do desenvolvimento da Infraestrutura Verde difere de país para país. Está sobretudo ligado às actividades actuais de planeamento e construção, com maior intensidade na era pós-industrial. O primeiro conceito de utilização e preservação da natureza nas cidades para benefício da população urbana, protegendo ao mesmo tempo os valores naturais, vem das primeiras civilizações - Mesopotâmia, Egito Antigo, Grécia e Roma Antiga. Além disso, o conceito de Infraestrutura Verde pode ser colocado num quadro mais vasto, em termos de significado. A sinergia da Infraestrutura Verde e da Infraestrutura Azul é uma visão nova e ambiciosa do planeamento e da conceção da paisagem à escala regional. A infraestrutura verde vai ser construída a partir de espaços verdes interligados e multifuncionais em paisagens urbanas, suburbanas e periurbanas. Nas paisagens rurais, os espaços verdes são integrados em terras agrícolas, florestas e parques funcionais e estruturados. Nas paisagens urbanas densas, os espaços verdes são integrados em edifícios verdes.

O conceito baseia-se no facto de os sistemas naturais interligados - como os rios, os seus corredores, as zonas húmidas e os pântanos - prestarem serviços ecossistémicos que podem ajudar a manter e a melhorar a qualidade ambiental e, consequentemente, as condições de vida nas áreas construídas já existentes, complementadas e em desenvolvimento. A expansão das ilhas de natureza existentes pode ajudar a proporcionar múltiplos benefícios a uma região urbana. As infra-estruturas verdes e azuis também utilizam de forma inteligente o potencial de ligação dos rios e das vias navegáveis. Corredores fluviais coerentes oferecem possibilidades de conetividade de redes paisagísticas mais vastas. As pequenas cidades adjacentes e as vias verdes localizadas nos seus vales podem ser ligadas à estrutura de uma rede urbana mais vasta. Os projectos transformam os corredores fluviais em longas linhas de parques que criam um fluxo direto de amenidades com um pequeno número de barreiras. Um rio não se tornará apenas uma parte do tecido urbano, mas um elemento verde definidor. A qualidade global dos espaços públicos e de outros espaços urbanos será reforçada pela sua proximidade ou vista para a água. Além disso, as funções do rio, a ecologia e a situação na planície aluvial serão melhoradas. (de et al.2022)

A infraestrutura verde e azul é uma ferramenta que apoia a construção de cidades sustentáveis e resilientes. A infraestrutura verde utiliza processos naturais para proporcionar qualidade ambiental e serviços de utilidade pública em contextos urbanos e comunitários. Apresenta-se sob a forma de redes interligadas ou manchas de espaços verdes, como parques, bosques, prados e outras zonas naturais, bem como valas com vegetação, telhados verdes e muros. A Infraestrutura Azul foi concebida para abordar as funções hidrológicas e ecológicas dos rios, lagos e zonas costeiras através da utilização de técnicas de gestão adaptativa BMP (Best Management Practices). Os elementos da infraestrutura azul podem incluir zonas húmidas artificiais, zonas de captação naturais e/ou artificiais, túneis de água, etc., que se ligam entre si para formar uma rede resiliente. As infra-estruturas verdes e azuis podem complementar-se mutuamente se forem devidamente integradas. A conceção de uma rede verde e azul resiliente deve ajustar-se a alterações graduais e permitir o reajustamento após uma perturbação parcial da estrutura da rede. (Bellezoni et al., 2021).

A GBI procura restaurar a função ecológica e a conetividade dos sistemas naturais, para acomodar os processos subjacentes, em conformidade com os princípios orientadores da ecologia da paisagem. Cinco princípios adicionais orientam a estratégia: 1. Princípio da função: Criar ou manter padrões espaciais e conetividade funcional entre habitats, ecossistemas e redes com funções relacionadas com a água, a biodiversidade e os serviços ecossistémicos como um objetivo fundamental. 2. Princípio da adaptação: Ser flexível e ter a capacidade de se adaptar aos efeitos futuros das alterações climáticas, da expansão urbana e de outras alterações antropogénicas do uso do solo. Assegurar que os ecossistemas cumprem o seu papel regulador no que respeita à proteção das pessoas e bens e à proteção contra riscos naturais como as inundações e o calor. 3. Princípio da qualidade: Reforçar a qualidade ecológica do ambiente onde estão a ser projectadas novas infra-estruturas e reforçar a cooperação funcional entre os sistemas naturais, garantindo que estes estão adaptados para satisfazer as necessidades básicas das populações de espécies que suportam. 4. Princípio do uso polivalente: Estimular a utilização conjunta de funções dependentes da água, como o lazer, a gestão de resíduos e as indústrias de base aquática, aproveitando as suas sinergias e reduzindo o conflito entre os usos tradicionais de finalidade única. 5. Princípio da compacidade: Maximizar os benefícios e minimizar os efeitos negativos da GBI, concentrando o espaço aberto e os sistemas naturais, e ligando o maior número possível de centros urbanos e áreas urbanizáveis, mantendo a infraestrutura verde existente e criando novos elementos que sejam consistentes com a infraestrutura e o planeamento internacionais e nacionais. As cidades tornam-se mais vulneráveis devido ao crescente domínio do homem sobre os processos naturais e à construção excessiva nas zonas urbanas e periurbanas. Muitas das recentes catástrofes naturais, especialmente os fenómenos climáticos extremos, afectaram grandemente as cidades e provocaram graves prejuízos socioeconómicos e mesmo a perda de vidas. Neste contexto, o reforço da capacidade de adaptação das cidades torna-se uma tarefa urgente. Este objetivo pode ser alcançado através do aumento da capacidade interna das cidades para recuperar de fenómenos extremos, o que implica o reforço dos sistemas que regem as infra-estruturas das cidades, bem como os ecossistemas urbanos (Ziervogel et al.2022).

2.2 Políticas e regulamentos ambientais

Existem outros regulamentos mais complexos que estabelecem acordos sobre questões relacionadas com as alterações climáticas, como os sistemas de comércio de emissões. Existem políticas económicas que introduzem uma abordagem fiscal que incentiva as empresas a adoptarem tecnologias mais limpas. Existem também regulamentos sectoriais específicos para actividades associadas a impactos ambientais mais significativos (por exemplo, agricultura, transportes, energia). Para além destas opções, existem várias iniciativas voluntárias que as empresas decidem adotar. O interesse na promoção de infra-estruturas verdes e azuis é cada vez maior, uma vez que estas redes naturais e/ou construídas, concebidas para prestar serviços ecossistémicos, são consideradas soluções rentáveis que podem gerar vários benefícios conexos, contribuindo para aumentar a resiliência urbana. Os seus benefícios e a necessidade de evitar que o crescimento urbano ponha em risco o bom funcionamento dos ecossistemas podem ser identificados através da avaliação ambiental estratégica.

Os países recorrem frequentemente a uma combinação de instrumentos políticos para proteger o ambiente natural, limitar os danos ambientais e assegurar a transição para uma economia sustentável e respeitadora do ambiente, bem como a sua manutenção. São normalmente considerados os seguintes tipos de instrumentos políticos: em primeiro lugar, regulamentos e proibições de comando e controlo; em segundo lugar, vários instrumentos políticos baseados no mercado, como taxas de emissão, impostos sobre a poluição ou subsídios à compra; e, em terceiro lugar, expectativas de mudança de comportamento através de iniciativas voluntárias ou programas baseados na delegação de responsabilidades. Dentro de cada uma destas categorias, existe uma variedade de instrumentos políticos à disposição dos decisores da política ambiental. A maior parte deles é de natureza económica.

Os instrumentos políticos procuram obter ganhos de eficiência ou concepções eficazes. Estes esforços são utilizados na tentativa de recuperar o potencial de eficiência derivado dos conhecimentos económicos do mercado. Tradicionalmente, as terras menos férteis ou as terras que não registaram melhorias de rendimento, como aconteceu nalgumas zonas, continuam a ser utilizadas para a produção de cereais e forragens. Algumas zonas fizeram a transição para a gestão de operações cada vez mais complexas e diversificadas, reafectando recursos através da mudança para sectores de capital intensivo e de mão de obra reduzida, e criando oportunidades de valor acrescentado através da incorporação de qualidades ecológicas ou outras qualidades-chave nas empresas. As ferramentas mais difundidas são os instrumentos económicos que utilizam o mecanismo dos preços para alterar o comportamento de agentes ou sectores individuais. Para efeitos de aplicação, os instrumentos económicos podem ser resumidos em instrumentos baseados no mercado e instrumentos não baseados no mercado, sendo que os instrumentos não baseados no mercado podem ser instrumentos de informação ou de comando e controlo. As limitações gerais são frequentemente a falta de aceitação política e as implicações distributivas. Também pode ser mencionado que os instrumentos económicos são muito mais fáceis de reformular do que os não baseados no mercado. (de et al.2022).

Inovações tecnológicas para a conformidade ambiental

As tecnologias destinadas a melhorar a eficácia das políticas ambientais têm potencial para contribuir para uma regulamentação mais rigorosa se a investigação e o desenvolvimento adequados forem direcionados para estes tópicos. Essas inovações tecnológicas podem aumentar a gama de conformidade, o que é de particular interesse quando a indústria está preocupada com a necessidade de cumprir os requisitos regulamentares. O sector do controlo da poluição está a inovar com fontes de energia mais limpas, matérias-primas mais limpas para os processos de fabrico e a desenvolver sistemas de gestão de resíduos novos e mais sustentáveis. Muitas tecnologias de atenuação das emissões de carbono baseiam-se em inovações no sector da energia e, sobretudo na Europa, nas indústrias química e siderúrgica. Os fabricantes de automóveis, numa indústria com alguns dos maiores investimentos em I&D, estão também a trabalhar em tecnologias híbridas que proporcionarão aos veículos fontes alternativas de energia, fornecendo aos consumidores uma gama mais vasta de automóveis que são amigos do ambiente e de baixo custo de funcionamento.

A conceção e a implementação das inovações tecnológicas fazem parte do processo de manutenção da competitividade internacional e da melhoria contínua do desempenho ambiental da empresa. A manutenção de um forte enfoque na I&D para construir uma vasta especialização técnica não só ajudará as empresas a explorar as novas competências e tecnologias regulamentares, como também proporcionará uma vantagem competitiva através de custos mais baixos. Os estudos de casos no terreno mostraram que podem ser utilizadas abordagens tecnológicas adequadas para ajudar a indústria, em especial as PME, a cumprir efetivamente os requisitos legislativos. No entanto, os custos reais para a indústria da utilização destas opções tecnológicas são ainda relativamente elevados e nem todos os processos têm a capacidade de se permitir adotar qualquer "melhor" tecnologia identificada. Os grandes sectores de capital intensivo proporcionam à indústria e aos governos a responsabilidade pelo financiamento direto. Consequentemente, o apoio a trabalhos de I&D adequados pode também contribuir para melhorar o desempenho ambiental nesses sectores e manter a capacidade empresarial no domínio das tecnologias de produção com baixas emissões.

Na atual sociedade global, existe uma preocupação de todos os níveis de governo em assegurar que as leis, os regulamentos e os processos de tomada de decisão facilitem a sustentabilidade. Neste sentido, foram desenvolvidas muitas políticas ambientais com diferentes níveis de complexidade. Acordos e convenções internacionais foram assinados pelos países com o objetivo de estabelecer uma política ambiental internacional. A nível nacional, os países estabelecem o seu quadro regulamentar ambiental para cumprir os acordos e as diretivas internacionais. Os governos subnacionais também estabelecem as suas próprias regras e promovem abordagens voluntárias para atingir objectivos sociais e ambientais. Os sectores público e privado reconhecem a importância de internalizar os custos ambientais nos processos de tomada de decisões. São utilizadas várias ferramentas associadas à avaliação do impacto ambiental com o objetivo de adotar uma abordagem preventiva, prevendo o possível impacto futuro das políticas, programas e planos. Existem regulamentos simples que estabelecem proibições e limites para actividades com impacto na qualidade da água, do solo e do ar. (McCormick, 2023).

2.3 Cidades Resilientes e Planeamento Urbano

É importante que as políticas ambientais englobem a regulamentação com incentivos financeiros que aumentem os valores das áreas verdes e azuis da cidade. O uso do Multi-State Pairwise Comparison permite identificar as preferências mais altas e mais baixas e a existência de preferências conflitantes para orientar a tomada de decisão de forma mais flexível e precisa com os conceitos básicos do Analytic Hierarchy Process. O aspeto da flexibilidade é particularmente relevante. O planeamento adaptativo da resiliência exige não só uma avaliação no momento, mas também a capacidade de alterar facilmente os critérios de avaliação ao longo do tempo e em função das reacções. A flexibilidade do método introduzido pode oferecer uma contribuição também nesta direção. (Bockarjova et al.2020)(Deely et al.2020).

As zonas urbanas, com elevadas concentrações populacionais, são consideradas especialmente vulneráveis aos riscos associados às alterações climáticas. Os danos causados por fenómenos meteorológicos extremos são um dos sintomas. É provável que as alterações climáticas agravem os riscos nos próximos anos e aumentem os danos causados pela ocorrência cada vez mais frequente de fenómenos meteorológicos extremos. A promoção da resiliência das cidades é considerada um passo crucial para enfrentar estes riscos e adaptar-se à evolução das circunstâncias. As cidades resilientes são capazes de resistir e reagir de forma adequada a condições adversas, a fim de minimizar os danos e recuperar da área o mais rapidamente possível. Nem todas as cidades estão uniformemente expostas aos riscos das alterações climáticas. No entanto, o que diferencia as cidades que são mais capazes de lidar com esses riscos é a sua capacidade de reação. (Mahajan et al.2022)

3. Metodologia

É apresentado o método passo a passo para o desenvolvimento da MUSPA, bem como o procedimento do método de agregação. Para ilustrar a aplicação do método de agregação, é também apresentado um exemplo hipotético. O MUSPA pode ser facilmente adaptado a outros Quadros Multidimensionais de Sustentabilidade ou a outras dimensões, uma vez que se trata de um método flexível. A flexibilidade é uma caraterística crucial, uma vez que a seleção das dimensões ou critérios a incluir no MUSPA pode mudar de acordo com o momento específico, as partes interessadas e o sector de implementação. O MUSPA não é uma ferramenta estática. Irá evoluir ao longo do tempo, com novos esquemas de ponderação e métodos de agregação, e deve ser actualizada a intervalos regulares. (Ma et al.2021)(Yu et al., 2023).Figura.1.

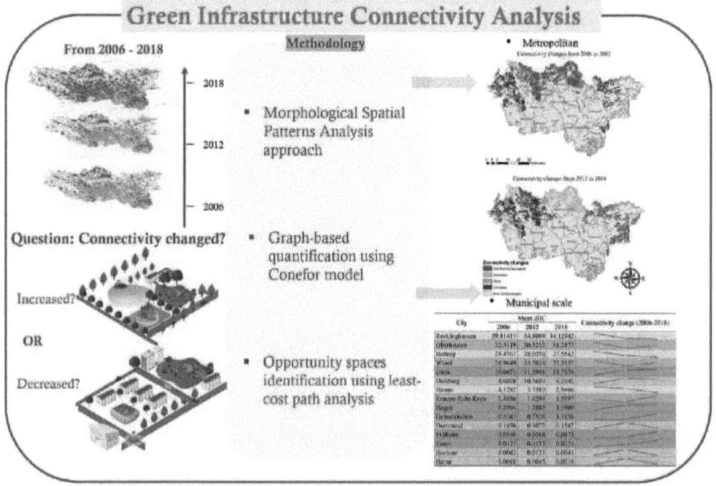

Figura.1. Conceito de Infraestrutura Verde e análise da conetividade (Yu et al., 2023).

Ao longo dos anos, foram desenvolvidos vários instrumentos de avaliação e apreciação para apoiar a implementação do desenvolvimento sustentável. No entanto, pelo facto de o desenvolvimento sustentável ser um conceito multidimensional, é necessário considerar e integrar todas as suas dimensões, o que nem sempre é feito. Este capítulo apresenta a metodologia utilizada para o desenvolvimento de um novo instrumento de avaliação e apreciação, o Multi-dimensional Sustainability Performance Assessment

(MUSPA). O MUSPA baseia-se no Quadro Multidimensional de Sustentabilidade, que inclui as seis dimensões-chave da sustentabilidade.(Qi et al.2021)

3.1 Método de análise política multiescalar (MSPA)

Subsequentemente, a análise política multiescalar (MuPA) pode ser corretamente executada, permitindo a integração de melhorias que teriam sido propostas durante a fase PaPA. A análise política multiescalar (MuPA) pode abordar o aspeto adicional da compatibilidade política, uma vez que a fase se baseia na estrutura e nos conhecimentos destacados na análise política de escalões emparelhados (PaPA). (Poli e Imbesi2022). Figura.2.

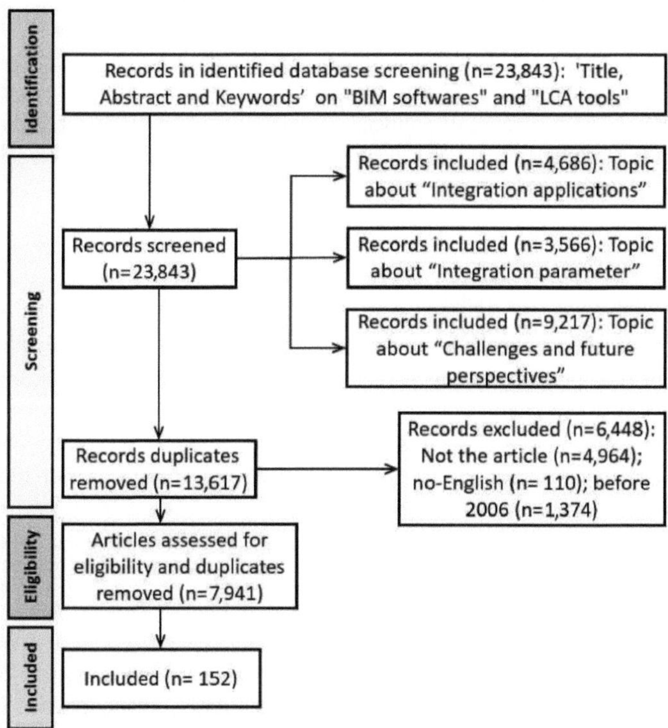

Figura 2: Processo de recolha de dados para o PRISMA (Chen, et.al.2024).

Para a segunda e terceira fases, a fim de resolver coletivamente as deficiências identificadas nas relações inter-escalares da primeira fase como parte do SiPA, deve ser realizada a primeira fase conhecida como Paired-Scalar Policy Analysis (PaPA). Isto destaca as melhores políticas identificadas no SiPA e permite que as principais políticas numa escala sejam melhoradas para garantir uma melhor compatibilidade, ajuste e alinhamento entre as políticas nas diferentes escalas. (Boumali et al.2021)

A primeira fase, conhecida como Análise de Política Mono-escalar (SiPA), procura identificar a melhor política em cada escala dentro da combinação de políticas. Tenta avaliar a contribuição de cada política para atingir os objectivos e o desempenho pretendidos. Através de uma medida do desempenho da política, as políticas existentes podem ser classificadas para destacar a melhor política dentro de cada escala. (Engkus)(Oey & Lim, 2021)(Lin et al.2023)

A Análise Política Multiescalar (MSPA) é uma composição de quatro fases de análise: (1) Análise Política de Escala Única (SiPA); (2) Análise Política de Escala Parelha (PaPA); (3) Análise Política Multiescalar (MuPA); e (4) Análise Política de Múltiplas Escalas (MuSPA). Cada uma destas fases aborda um tipo específico de comparação e semelhança de políticas, efectuada através de políticas relevantes identificadas a diferentes escalas dentro de uma determinada combinação de políticas. (Rader, 2022)

3.2 Recolha e análise de dados

O método MSPA foi aplicado no processo de decisão. O método MCA foi utilizado para calcular as preferências das partes interessadas e o peso da aprovação para cada critério e subcritério com base na aprovação e no interesse das partes interessadas no processo de tomada de decisão. O estudo determina que os projectos GBI devem ser estabelecidos principalmente para construir redes e aumentar a resiliência. A melhoria mais substancial das políticas ambientais passa pela aprovação adicional de prioridades para aumentar a qualidade do ar, proteger as zonas de risco ambiental e gerir os recursos hídricos. A aplicação do GBI pode melhorar a gestão ambiental das zonas urbanas definidas. A contribuição e a novidade desta investigação são a abordagem, o método e o conceito propostos e o estudo de caso aplicado. Recolha de dados: (1) dados envolvidos sobre as partes interessadas, a GBI e a área urbana; (2) os dados do Atlas Urbano que incluem 4 factores ambientais críticos; e (3) 32 projectos GBI propostos. (Mumtaz, 2021)(de et al.2022)(Zhou et al.2024).Figura.3.

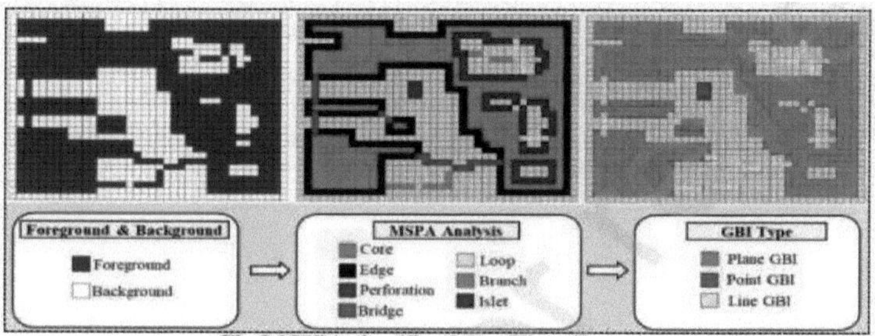

Figura.3. Método MSPA e etapas (Lin et al.2023).

Este estudo integra políticas ambientais na aplicação de Infra-estruturas Verdes e Azuis (IBV) para aumentar os seus benefícios e acelerar a sua implementação. Utilizamos o método do Lucro Social Máximo com Aprovação (MSPA) para considerar os interesses e a aprovação das partes interessadas no processo de tomada de decisão e conseguir o seu envolvimento nos projectos de GBI implementados. Além disso, o estudo aumenta a sensibilidade social e a capacidade de resposta do método de Análise Multicritério (MCA) usando a abordagem proposta. (de et al.2021)(Bellezoni et al., 2021).Figura.4. A segunda visão do método:

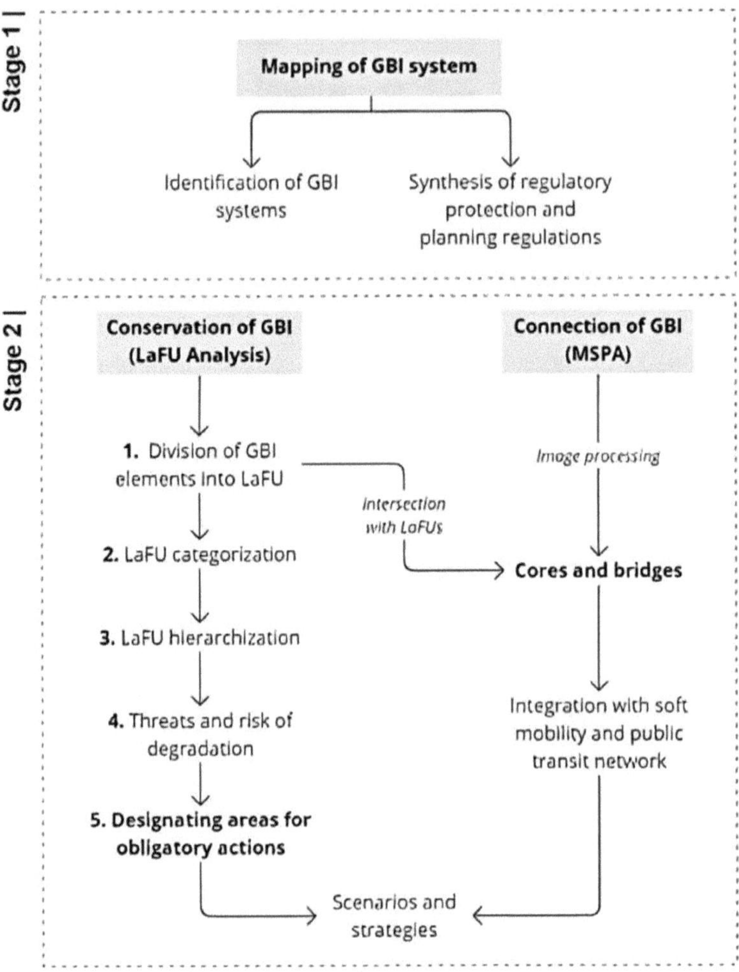

Figura.4 Enquadramento do método (Autores.2024).

3.3 Seleção de estudos de caso

Panorama das cidades-modelo europeias e da República Checa para as infra-estruturas verdes

Várias cidades da Europa estão a tentar melhorar os seus ambientes urbanos como meio de combater a atenuação e a adaptação às alterações, melhorando simultaneamente a qualidade de vida das suas populações através de soluções baseadas na natureza e de infra-estruturas verdes (Comissão Europeia, 2023). Embora a Comissão Europeia tenha localizado a espinha dorsal da infraestrutura verde na rede Natura 2000 de zonas naturais protegidas (Comissão Europeia, 2023), a Rede Mundial de Infraestruturas Verdes salienta a importância e a necessidade da infraestrutura verde nas cidades para um desenvolvimento urbano sustentável. As soluções baseadas na natureza, como um aspeto integral da infraestrutura verde, referem-se a soluções que são apoiadas e inspiradas pela natureza. Com a utilização de caraterísticas naturais e da natureza, e de procedimentos em termos de resposta a problemas, constituem um complemento ou substituição de soluções puramente técnicas, que também abrangem valores económicos, ecológicos e sociais com base nos seus atributos multifuncionais (Comissão Europeia, 2023).

Existe uma estratégia de IG na Europa desde 2013, e os Estados-Membros participam ativamente em muitos projectos e iniciativas estratégicos e aplicados de IG (Beery et al., 2017). O objetivo da estratégia de IG na Europa é estabelecer um equilíbrio entre o planeta, as pessoas e o lucro ou a sustentabilidade, para simplificar. Afirma-se também que não se justifica qualquer legislação exclusivamente destinada a impulsionar a execução, apelando antes às políticas actuais, às legislações e à utilização de mecanismos de financiamento. Embora se possa considerar a IG como uma nova faceta da governação e da política, em particular no âmbito da política da UE, desde os anos 70 que se faz investigação neste domínio, no âmbito da ecologia da paisagem, da biologia da conservação e da proteção da natureza. Com base na investigação, foi indicado que a implementação da IG nas nações europeias incidiu sobretudo em medidas para melhorar as redes ecológicas, e a conservação dos espaços verdes foi mais comum do que a restauração e a criação de novos espaços verdes (Davies & Lafortezza, 2017). Isto indica um enfoque na biodiversidade e na proteção da natureza.

Na Europa, as Infra-estruturas Verdes Urbanas (UGI) surgiram como uma noção promissora na altura de desenvolver sistemas multifuncionais de espaços verdes para resolver problemas-chave decorrentes da urbanização, como o aumento da coesão social, o incentivo a uma mudança para a economia verde, a adaptação às alterações climáticas e a conservação da biodiversidade. O projeto Green Surge da Comissão Europeia pretendia, adicionalmente, fazer progredir o desenvolvimento da UGI nas cidades europeias com um reforço da base concetual da UGI, desenvolvendo técnicas e instrumentos melhorados para avaliar o seu estado, vantagens e governação, ao mesmo tempo que os aplicava para desenvolver uma base de evidências mais forte (Pauleit et al., 2019). Uma abordagem transdisciplinar de "dupla hélice" foi aplicada através do Green Surge para analisar a ligação entre os espaços azuis e verdes urbanos, a sua biodiversidade e serviços ecossistémicos, e os mecanismos locais de planeamento e governação. A abordagem foi atribuída a uma conceção de investigação a vários níveis, incluindo uma mistura de estudos a nível local e europeu. Além disso, as abordagens espaciais e quantitativas para avaliar as ligações entre a biodiversidade e o espaço verde foram combinadas com abordagens qualitativas e orientadas para a ação para avaliar a governação e o planeamento da infraestrutura verde urbana. O Green Surge ofereceu uma oportunidade distinta de reunir disciplinas variadas num grande consórcio para promover o enquadramento teórico da infraestrutura verde urbana, melhorar a sua base de provas e reconhecer estratégias e ferramentas para a incorporação bem sucedida da infraestrutura verde urbana nas cidades da Europa. A infraestrutura verde urbana apresenta, assim, espaços significativos que facilitam a criação de sinergias e novas associações entre os sectores ambiental, social e económico. (Jagt et al., 2016).

Ao mesmo tempo, os governos locais estão em posição de optar por vários instrumentos e ferramentas para executar a IG urbana. Por exemplo, a cidade de Belfast, na Irlanda do Norte, tomou iniciativas para plantar cerca de um milhão de árvores até 2035, com o objetivo de obter várias vantagens, tais como a redução das inundações e das emissões de carbono, a melhoria do arrefecimento urbano e da qualidade do ar, bem como o apoio à biodiversidade, melhorando simultaneamente a saúde mental e física dos cidadãos (Council, 2023). A cidade de Estugarda, na Alemanha, tem vindo a instalar infra-estruturas verde-azul e corredores de ventilação para melhorar a qualidade do ar e reduzir as temperaturas extremas. A cidade eslovaca de Bratislava tem vindo a fazer investimentos em instalações para reter a água da chuva, planeamento de árvores e telhados verdes (Belcáková et al., 2019). A cidade de Maribor, na Eslovénia, estruturou uma estratégia para fazer a mudança para uma circular, que inclui a regeneração de áreas degradadas, com a implementação de soluções naturais e infraestruturas azuis e verdes. As soluções baseadas na natureza têm sido amplamente promovidas na cidade de Budapeste, na Hungria, com o objetivo de melhorar o ambiente, a qualidade de vida e a sustentabilidade da cidade. Além disso, Budapeste também

tem sido conhecida por executar muitos projectos para incorporar mais verde na cidade e resolver problemas associados a questões de alterações climáticas (Calliari et al., 2022).
Por outro lado, Skokanová & Slach (2020) concluíram que a IG é um conceito relativamente novo na República Checa. A definição de IG pode ser associada ao Sistema Territorial de Estabilidade Ecológica (TSES) checo, que é considerado como um sistema que está interligado com ecossistemas naturais e também com ecossistemas seminaturais alterados para sustentar o equilíbrio natural.

Utilizando o método MSPA, foi possível definir várias posições e relações para as diferentes partes interessadas em cada caso e de forma combinada. Foram elaborados mapas relacionais para cada caso, e globalmente, mostrando o posicionamento das partes interessadas e as suas influências percebidas e desejadas na conceção, planeamento e sucesso da GBI. O método descrito é inovador e permite identificar a perceção e o interesse das partes interessadas, os critérios e diretrizes legais de conceção, os desvios que ocorrem, bem como os resultados identificados. Embora o MSPA tenha sido aplicado a casos que abordavam a escala inter-cidades, pode ser facilmente aplicado à escala intra-cidades, trabalhando com as partes interessadas locais. Em investigação futura, a MSPA poderia ser aplicada ao nível intra-cidades para o mesmo grupo de partes interessadas, a fim de confirmar os resultados obtidos. (Ali et al.2024).

Para a aplicação do método, foram selecionados 12 casos de estudo representativos de diferentes cidades e países. Os casos permitiram testar uma grande variedade de políticas ambientais, desde cidades que implementaram um elevado número de políticas de proteção ou que têm um forte desenvolvimento económico, até cidades que implementaram poucas políticas, permitindo que o papel protetor da GBI prevaleça. Além disso, os casos diferem em tamanho e clima. Durante as entrevistas, foram salientadas outras diferenças, nomeadamente perturbações naturais ou antrópicas com elevada sensibilidade climática ou nível de proteção. De acordo com os objectivos mencionados e as diferenças existentes entre as cidades, foram definidas várias questões. Posteriormente, as questões foram enviadas ao responsável por cada caso identificando de forma detalhada e objetiva as diferentes percepções e objectivos relativamente à GBI e ao seu caso. (Prades-Gil et al.2023)

4. Estudos de caso

Após o processo prévio de preparação e classificação dos dados. O diagrama visionário do MSPA serviria de guia para a definição de prioridades e a execução de estratégias contextuais para a melhoria das ZIG e o reforço das suas ligações. Estas estratégias utilizam as ferramentas dos serviços ecossistémicos e das soluções baseadas na natureza, incluindo actividades sociais, económicas e culturais e a integração de modos de transporte sustentáveis para transformar as IBG em espaços multifuncionais, bem como em elementos naturais protegidos.

Melhores práticas e histórias de sucesso de cidades-modelo

Olic & Stober, (2019) efectuaram um estudo de caso utilizando Osijek como cidade de referência. A cidade de Osijek, na Croácia, foi percecionada com base numa série de quadros espaciais. Os dados foram recolhidos a nível da União Europeia (UE), utilizando uma base de dados comum que permitiu uma comparação entre fenómenos espaciais semelhantes. Os projectos de atlas urbano e de auditoria urbana permitiram uma comparação dos dados relativos ao núcleo da cidade e aos dados funcionais da zona urbana que correspondiam aos limites administrativos e eram largamente adequados aos planos estratégicos e de gestão. Com vista a uma gestão eficaz e eficiente dos espaços da cidade, a categorização deve ser incorporada verticalmente através dos níveis espaciais. De acordo com os dados, a densidade de espaços verdes na cidade de Osijek era de 23,1 m2 por habitante, o que pode ser considerado de alta densidade. As categorias utilizadas para os vários níveis do núcleo da cidade de Osijek eram robustas e não apresentam essencialmente contributos sobre as funções de IG. Além disso, a classificação não foi incorporada verticalmente ao nível distrital para oferecer uma manutenção eficaz. Os dados oferecidos pela ferramenta de cadastro verde da IG de Osijek facilitaram uma revisão dinâmica e uma base de dados rica em informações que podem contribuir para a manutenção e gestão eficazes da IG na cidade.

Uma metodologia para mapear a IG na República Checa foi proposta por Skokanová et al., (2020a), com base no diagnóstico de três abordagens para o mapeamento a nível regional, que se baseou na utilização e no processamento de conjuntos de dados variados. (Skokanová et al., 2020a) compararam mapas de IG baseados em dados europeus da base de dados CORINE Land Cover, uma base de dados nacional checa conhecida como Consolidated Layer of Ecosystems (CLE) e uma mistura de dados nacionais e regionais checos, e vectorização manual.

Figura.5 Cadastro Verde de Osijek (ferramenta SIG) (Olic & Stober, 2019)

As conclusões neste caso indicaram que o mapa de IG baseado no CORINE era adequado à escala transnacional, mas não à escala regional. Por outro lado, o mapa de IG baseado no CLE era bom para a escala nacional e regional, mas havia falta de informação sobre IG nas zonas urbanas. Um mapa de IG aprofundado era bom para a escala regional e, em certa medida, até para a escala local, mas a sua criação seria morosa. No entanto, uma combinação cuidadosa dos dados regionais e nacionais actuais poderia oferecer bons resultados no desenvolvimento de um mapa de IG que pudesse ser utilizado no planeamento territorial.

Uma das facetas básicas de um modelo de cidade verde refere-se à sua abordagem ao transporte sustentável. Cidades de toda a Europa têm estado na fronteira em termos de incentivo a zonas específicas para pedestres, infraestrutura para facilitar o uso da bicicleta e sistemas de transporte público (Strulak-Wójcikiewicz & Lemke, 2019). Por exemplo, a extensa infraestrutura para ciclistas em Copenhaga e a iniciativa "Superblocks" levada a cabo por Barcelona, em Espanha, têm sido fundamentais para reduzir substancialmente a poluição atmosférica e as emissões de carbono. As cidades aqui mencionadas incentivaram modos de transporte partilhados e não motorizados, o que é apoiado por diversos estudos. Do mesmo modo, a integração de espaços verdes nas paisagens urbanas seria outra componente fundamental dos modelos de cidades verdes. O Parque Schonbrunn, em Viena, é um exemplo importante de áreas verdes urbanas que melhoram a qualidade de vida dos indivíduos e, ao mesmo tempo, apoiam a biodiversidade (Ring et al., 2021). Estudos realizados por Pasanen et al.(2023) e (Marques da Costa & Kállay, 2020), enfatizam as vantagens para a saúde física e mental que são oferecidas pelos espaços verdes em ambientes urbanos e o papel que desempenham na conservação da flora e da fauna. A incorporação de fontes de energia renovável é um aspeto fundamental dos modelos de cidades verdes. Por exemplo, Reykjavik é conhecida por utilizar extensivamente uma ampla energia geotérmica, reduzindo a sua dependência dos combustíveis fósseis. O relatório sobre as energias renováveis na Europa, apresentado pela Agência Europeia do Ambiente, sublinha os progressos registados na região no sentido de uma transição para fontes de energia sustentáveis. Essa transição tem sido impulsionada pelas políticas enquadradas pela União Europeia (UE) sobre energias renováveis, que estimulam as cidades a fazer investimentos em combustão de biomassa, captação de vento e energia solar fotovoltaica.

De um ponto de vista económico, os modelos de cidades verdes são fundamentais para simular a inovação, criando simultaneamente novas oportunidades de emprego em sectores como o planeamento urbano, as energias renováveis e as tecnologias sustentáveis. Os investimentos em infra-estruturas ecológicas resultam em poupanças de custos a longo prazo com base em medidas de eficiência energética e num menor consumo de recursos. Além disso, estas cidades tendem a atrair trabalhadores qualificados e empresas interessadas em manter uma elevada qualidade de vida e um ambiente favorável às práticas sustentáveis. Além disso, a reputação acrescida de ser uma cidade verde pode ser fundamental para melhorar o turismo, atraindo visitantes com consciência ambiental, impulsionando as economias locais com base no aumento das despesas e no intercâmbio cultural (Sahni, S., & Aulakh, R. S. 2021). De um modo geral, as cidades verdes modelo na Europa funcionam como exemplos de como o planeamento urbano sustentável pode ter um impacto positivo na economia e na sociedade, abrindo caminho para um futuro mais verde e altamente próspero.

Do mesmo modo, a eficácia e a eficiência na gestão de resíduos com reciclagem e reutilização consistentes com a economia circular seriam cruciais para reduzir o impacto nocivo no ambiente. A capital da Eslovénia - Ljubljana, pôs em prática um programa de desperdício zero com a intenção de reduzir substancialmente os resíduos nos aterros sanitários (Bogusz et al., 2021). A investigação levada a cabo por Osama & Lamma (2021) destaca a importância da reciclagem e das estratégias de redução de resíduos nas cidades da Europa, incentivando a eficiência dos recursos e reduzindo a pegada ambiental. Além disso, observou-se que as cidades verdes modelo tendem a atribuir elevada prioridade à equidade social e à inclusão. As políticas de habitação social em Viena e o projeto de revitalização de bairros em Barcelona são o exemplo desse compromisso. As investigações levadas a cabo por Lemaire & Kerr (2017), significam o papel desempenhado pelo planeamento urbano na criação de comunidades inclusivas e no combate às desigualdades sociais nas cidades verdes. Na mesma linha, a cidade de Estocolmo, na Suécia, oferece uma mistura equilibrada de beleza natural e vida urbana, que se desenvolve em 14 ilhas interligadas, conhecidas pelos seus espaços verdes eficientes e sistemas de transportes públicos. Outra cidade na Europa que tem sido aclamada como um paraíso para os ciclistas é a cidade de Amesterdão, nos Países Baixos. A cidade de Amesterdão orgulha-se de ter vias exclusivas para bicicletas, canais pitorescos e políticas amigas do ambiente. Os ciclistas têm direito de passagem sobre os meios de transporte motorizados. A cidade de Friburgo, na Alemanha, é conhecida pela sua designação adequada de "cidade verde", uma vez que desenvolveu edifícios eficientes do ponto de vista energético, uma utilização extensiva da energia solar e transportes sustentáveis, estabelecendo um precedente para um planeamento urbano ecologicamente consciente (Fastenrath & Braun, 2018). Da mesma forma, os automóveis foram proibidos no centro da cidade na capital da Eslovénia. Estas cidades também adoptaram soluções de energia limpa e cultivaram uma cultura de vida eco-consciente. Estas cidades-modelo representam a possibilidade de as regiões urbanas abrirem caminho para práticas ambientalmente responsáveis e encorajarem o mundo em geral a adotar um futuro amigo do ambiente que seja altamente sustentável.

Com a contínua expansão das cidades, há uma necessidade crescente de desenvolvimento urbano sustentável que encoraje uma vida amiga do ambiente, reduzindo simultaneamente a pegada de carbono das regiões urbanas. À semelhança das cidades de toda a Europa, as cidades da República Checa deram passos importantes para se tornarem cidades verdes modelo, adoptando abordagens inovadoras para resolver os problemas ambientais, melhorando simultaneamente a qualidade de vida dos residentes. Um dos elementos-chave do planeamento urbano ecológico na República Checa é a incorporação de fontes de energia renováveis. As cidades da região têm feito investimentos em energia solar, sistemas de energia de biomassa, turbinas eólicas, etc., para reduzir a sua dependência dos combustíveis fósseis. Esta mudança foi sublinhada pelo compromisso da República Checa com os objectivos da UE em matéria de energias renováveis, que pretende reduzir as emissões de gases com efeito de estufa e incentivar um sector energético mais ecológico. Por exemplo, a cidade de Brno, na República Checa, tem liderado o caminho da energia solar, tendo instalado painéis solares em edifícios públicos, o que contribuiu substancialmente para um aumento da produção de energia solar (Kalousek, 2021). O hospital de Karlovak, na Croácia, adotou práticas de eficiência energética, adaptando o hospital com isolamento, mudando para gás natural, sistemas solares térmicos, etc., o que resultou numa poupança anual de energia de 6,5 GWh de calor e numa poupança anual de custos no valor de 528.000 euros (PF4EE Expert Support Facility, 2019).

Da mesma forma, as iniciativas de poupança de energia na República Checa levaram a uma poupança anual de energia de 420 MWh em calor e 2000 MWh em eletricidade, e a uma poupança anual de custos de 217 000 euros (PF4EE Expert Support Facility, 2019). Enquanto um projeto de isolamento térmico de um edifício de laboratório na Eslováquia também levou a uma poupança anual de energia de 115MWh, e a uma poupança anual de custos de 4.700 euros (PF4EE Expert Support Facility, 2019). Um dos objetivos das cidades verdes é reduzir o número de veículos privados na estrada para incentivar o uso da bicicleta e dos transportes públicos. A capital da República Checa, Praga, adotou medidas significativas para melhorar a sua rede de transportes públicos, com amplas linhas de metro e elétrico que oferecem substitutos ecológicos em comparação com os veículos pessoais (Fitzová & Matulová, 2020). Em 2020, a cidade de Praga introduziu um sistema que permite aos residentes alugar scooters eléctricas, o que contribuiu para reduzir o impacto ambiental das deslocações curtas.

Uma das pedras angulares do planeamento urbano ecológico são os sistemas eficientes de gestão de resíduos. As cidades da República Checa investiram em programas alargados de reciclagem e em instalações de valorização energética de resíduos, o que ajuda a reduzir o volume de resíduos nos aterros, aumentando assim a utilização global dos recursos.

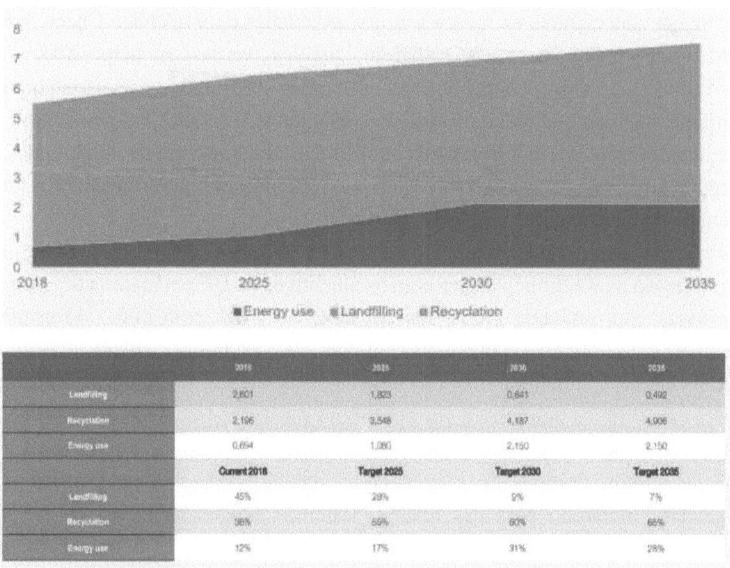

	2018	2025	2030	2035
Landfilling	2,601	1,823	0,641	0,492
Recyclation	2,196	3,548	4,187	4,906
Energy use	0,654	1,080	2,150	2,150
	Current 2018	Target 2025	Target 2030	Target 2035
Landfilling	45%	28%	9%	7%
Recyclation	38%	55%	60%	65%
Energy use	12%	17%	31%	28%

Figura 6. Metas de conversão de resíduos em energia e de reciclagem na República Checa em

milhões de toneladas por ano (Veolia, 2022) Toneladas por ano (Veolia, 2022).

Este é um aspeto em que Brno foi pioneira (Pluskal et al., 2021), com a sua central de valorização energética dos resíduos, que gera eletricidade e calor a partir dos resíduos urbanos. A promoção de espaços verdes nas regiões urbanas é vital para melhorar a qualidade de vida dos habitantes em geral e também para conservar a biodiversidade.

A cidade de Pilsen, localizada na região centro-oeste da República Checa, empreendeu uma iniciativa próspera centrada na criação de corredores verdes e florestas urbanas, melhorando a biodiversidade da cidade e oferecendo aos residentes espaços recreativos (Jato-Espino et al., 2023). Além disso, a República Checa está a adotar gradualmente práticas arquitectónicas sustentáveis e princípios de conceção urbana ecológica. Isto incluiria o desenvolvimento de edifícios energeticamente eficientes, a utilização de materiais locais e telhados verdes. As caraterísticas de uma conceção urbana sustentável podem ser observadas de forma proeminente na cidade de Olomouc, onde os novos edifícios são construídos de forma a respeitarem os critérios de construção ecológica, reduzindo o consumo de energia e criando assim um ambiente urbano saudável, o que é designado por Building Research Establishment Environmental Assessment Method (BREEAM). Do mesmo modo, um dos atributos das cidades verdes seria a gestão da água, que tem um papel intrínseco a desempenhar nas cidades verdes. A cidade de Ceske Budejovice fez grandes progressos em termos de gestão das águas residuais, tendo sido assegurado que a água é tratada e devolvida à natureza de uma forma que é amiga do ambiente. Esta abordagem é conhecida por contribuir significativamente para a redução da poluição da água e para a conservação dos ecossistemas aquáticos locais (Silva, 2023). Além disso, o desenvolvimento urbano sustentável na República Checa também incluiria a conservação do património cultural e o incentivo ao ecoturismo. As cidades da República Checa, como Cesky Krumlov, incorporaram os seus locais históricos nas suas iniciativas de turismo ecológico, tentando salvaguardar os marcos culturais e, ao mesmo tempo, reduzir o seu impacto no ambiente. Dar prioridade aos transportes sustentáveis, motivando os visitantes a utilizarem os transportes públicos, os percursos pedestres ou as bicicletas para acederem aos locais históricos. Desta forma, reduz-se a emissão de carbono e incentivam-se opções de deslocação amigas do ambiente. São executadas iniciativas no sentido de uma infraestrutura verde, que incluem a criação de zonas pedonais, ciclovias e a instalação de estações de carregamento para veículos eléctricos (Kalabisová & Plzáková, 2016). Estas medidas permitem uma exploração ambientalmente consciente dos marcos históricos. Além disso, as iniciativas de gestão de resíduos incluem a execução de sistemas alargados, incluindo estratégias para reduzir a utilização de plásticos de utilização única e programas de reciclagem. Através de uma gestão eficaz dos resíduos, reduzem o impacto ambiental do turismo nos sítios históricos. A integração de fontes de energia renováveis, como turbinas eólicas e painéis solares, nas infra-estruturas dos sítios históricos reduz a dependência de energias não renováveis, ao mesmo tempo que diminui as emissões de carbono (Drápela, 2023).

Incentivar o desenvolvimento de alojamentos sustentáveis, como pousadas e hotéis ecológicos, perto de locais históricos, oferece aos turistas opções de alojamento que são ambientalmente responsáveis. Também oferecem visitas guiadas e programas educativos aos turistas, salientando a importância da conservação do ambiente e incentivando um comportamento responsável aquando da visita aos locais históricos. Além disso, é incentivado o fornecimento de bens e serviços locais aos turistas, apoiando a economia local e reduzindo a pegada ambiental associada ao transporte. As empresas são motivadas a adotar práticas amigas do ambiente, como a utilização de materiais biodegradáveis e de produtos orgânicos, contribuindo adicionalmente para os esforços no sentido de um turismo sustentável (Drápela, 2023). Com base nestas estratégias alargadas, cidades como Cesky Krumlov demonstram o seu empenho na conservação dos sítios históricos, ao mesmo tempo que incentivam práticas turísticas sustentáveis do ponto de vista ambiental.

Para concluir, observou-se que as cidades verdes modelo na Europa e em toda a República Checa deram passos substanciais no seu esforço para a sustentabilidade na prática, no entanto, há um longo caminho a percorrer para realizar plenamente estes objectivos. À semelhança de várias outras nações, a República Checa tem sido confrontada com vários desafios na sua procura de sustentabilidade, especialmente na sua abordagem às cidades verdes. Independentemente das iniciativas para encorajar iniciativas amigas do ambiente, existem desvantagens substanciais na agenda da sustentabilidade da República Checa (Vávra et al., 2014). Uma das questões mais importantes diz respeito à ausência de um planeamento urbano abrangente que dê prioridade à sustentabilidade. Embora algumas cidades possam ter bolsas de infra-estruturas verdes, como ciclovias ou parques, estas iniciativas são frequentemente desprovidas de incorporação numa estratégia coesa de sustentabilidade. Na ausência de uma abordagem holística do desenvolvimento urbano, as cidades verdes da República Checa continuam a ser fragmentadas e não conseguem resolver os desafios ambientais sistémicos.

Além disso, há uma notável falta de políticas fortes para incentivar práticas sustentáveis entre os residentes e as empresas. Embora possam existir iniciativas individuais, há uma ausência de quadros regulamentares e de incentivos financeiros para motivar a adoção em larga escala de comportamentos e tecnologias respeitadores do ambiente. Na ausência de tais medidas, a mudança para uma vida urbana sustentável continua a ser desarticulada e lenta. Além disso, as cidades verdes na República Checa ignoram frequentemente considerações sobre a equidade social. O desenvolvimento sustentável deve não só dar prioridade à conservação do ambiente, mas também combater as desigualdades sociais. No entanto, há uma ênfase restrita em garantir o acesso a espaços verdes e instalações ecológicas para todos os residentes, resultando em disparidades na qualidade ambiental e no bem-estar (Biernacka & Kronenberg, 2019). Em resumo, embora a República Checa possa aspirar a desenvolver cidades verdes, as suas iniciativas são dificultadas por políticas inadequadas, planeamento fragmentado e ausência de foco na equidade social. Para realmente avançar na sustentabilidade, é imperativo que a nação dê a devida prioridade ao planejamento urbano extensivo, formule estruturas regulatórias robustas e garanta a inclusão em suas iniciativas verdes.

A incorporação de fontes de energia renovável, a gestão de resíduos, a melhoria dos transportes públicos, a arquitetura sustentável, os espaços verdes, a conservação do património cultural e a gestão dos recursos hídricos estão a facilitar a mudança em termos de desenvolvimento urbano sustentável do ponto de vista ambiental nas referidas regiões. Com o mundo a abordar consistentemente o resultado da urbanização, as cidades verdes na Europa e na República Checa funcionam como bons exemplos da forma como a sustentabilidade ambiental pode ser realizada nos espaços urbanos.

3.4 Estudo de caso A capital Praga-Chechia

Praga é a capital da República Checa e, na União Europeia, é a 13ª maior cidade. É a cidade mais populosa do país, com 1,3 milhões de habitantes. Praga é uma cidade com um rico património cultural, um centro económico e comercial e um importante destino turístico que recebe cerca de 9 milhões de visitantes por ano. A variabilidade da temperatura mostra uma tendência crescente em Praga e as projecções futuras indicam que haverá grandes incidentes de ondas de calor urbanas e dias geralmente mais quentes. Mas, numa nota positiva, a cidade reconhece os impactos antecipados trazidos pelo fenómeno das alterações climáticas e adoptou vários conjuntos de medidas baseadas na natureza como parte do Plano Climático de Praga 2030, com o objetivo de melhorar o ambiente e a capacidade de vida da cidade (Câmara Municipal de Praga, Departamento de Proteção do Ambiente, 2021). A extensão de uma rede GBI através da conversão de áreas impermeáveis em GBI é um dos principais objectivos do plano

Os relatórios também mencionam a mudança de +7 m2 de superfícies impermeáveis para infra-estruturas verde-azuladas em termos de 1.000 habitantes/ano em Praga (Câmara Municipal de Praga, Departamento de Proteção do Ambiente, 2021). A população da cidade está a crescer e, por conseguinte, é necessário incorporar mais redes GBI para melhorar ainda mais a habitabilidade e contrariar os impactos das alterações climáticas. Figura.5.

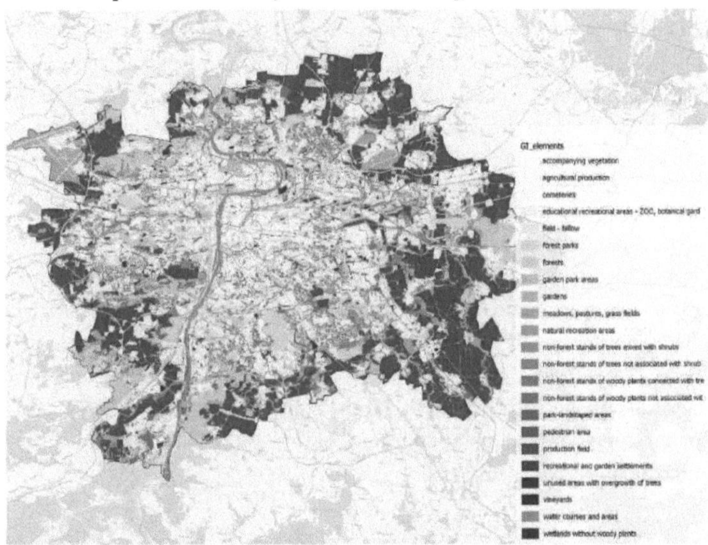

Figura.5. Elementos de infra-estruturas verdes e azuis em Praga (Autores 2024).

Panorâmica da situação geral das infra-estruturas verdes em Praga

A infraestrutura verde urbana (UGI) tem sido percebida como um aspeto essencial das cidades que oferece uma série de serviços aos indivíduos e outras formas de vida dentro dos espaços urbanos. Foi afirmado por Badura et al., (2021), que a urbanização extensiva tem vários impactos ambientais negativos e a UGI mitiga muitos desses factores, ao mesmo tempo que sustenta a qualidade de vida urbana percebida. Este é um facto de extrema importância, dado que em várias cidades da Europa, sabe-se que mais de 70% da população reside em regiões urbanas. A migração das regiões rurais para as urbanas foi um procedimento consistente ao longo do século XIX. A UGI é um aspeto significativo nos municípios e no seu ecossistema. Considerando que se sabe que um grande número de indivíduos reside em cidades, a melhoria, a recuperação e a preservação da biodiversidade nas regiões urbanas também assumiram importância. A IG num contexto urbano é fundamental para melhorar e salvaguardar a biodiversidade no ecossistema de uma cidade. avaliou mais de 400 medidas relativas aos efeitos da biodiversidade nos serviços ecossistémicos e, com base nisso, sugeriu que a biodiversidade tem um impacto positivo nos serviços prestados pelos ecossistemas. A análise efectuada por Elisha & Felix (2020) concluiu que a perda de biodiversidade tem impactos adversos nas funções dos ecossistemas de inúmeras formas, e a ligação entre a biodiversidade e o funcionamento do ecossistema foi afirmada por outros (Soininen, 2022). Embora se saiba que os serviços ecossistémicos dão apoio a várias facetas relacionadas com a qualidade da vida humana. Esses serviços foram classificados como serviços de regulação, de aprovisionamento, de apoio e culturais. A insubstituibilidade das suas funções tende a melhorar a qualidade de vida dentro da cidade e ajuda a moldar a imagem da cidade.

As fronteiras do distrito político da cidade, que foram desenvolvidas com base no núcleo histórico que se estendia ao longo do rio Vltava em Praga, expandiram-se para leste e oeste ao longo dos corredores de ribeiras e através das encostas que bifurcavam os vales das ribeiras, com uma maior preferência pelas encostas viradas a sul. Áreas substanciais de encostas íngremes continuam a ser desenvolvidas com menor intensidade, principalmente com vinhas velhas e pomares, muitos dos quais há muito descartados, e estão em diversas formas de sucessão natural. Os espaços verdes que restam na tapeçaria histórica incluem essencialmente parques urbanos, jardins de palácios e cemitérios, tendo em conta que, a partir de 1949, se registaram algumas mudanças fundamentais na divisão administrativa.

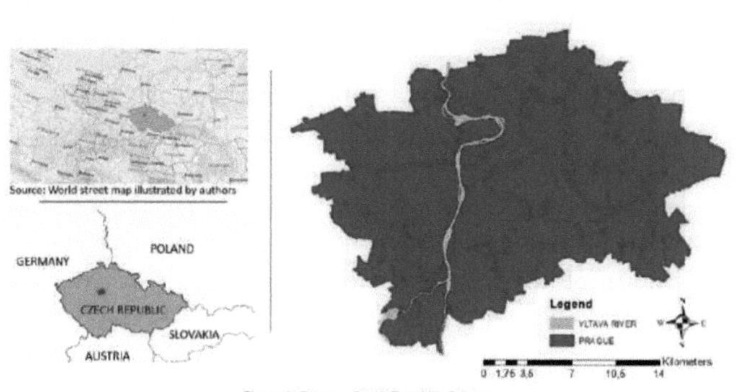

Figura 6. Territórios cadastrais em Praga (Autor)

A partir de então, as fronteiras de vários distritos administrativos e distritos urbanos são autónomas dos limites dos territórios cadastrais e alguns territórios cadastrais são assim segregados em partes administrativas e autónomas dentro da cidade. Praga foi dividida em 10 distritos municipais, 22 distritos administrativos, 57 partes municipais ou 112 áreas cadastrais, como se pode ver na figura 6. A noção de IG existe no desenvolvimento da cidade há muitos anos e pode ser encontrada em considerações teóricas, e o seu significado, interpretações e também a forma como é produzida sob a forma de definições (Wang & Banzhaf, 2018). As cidades da República Checa têm uma densidade populacional comparativamente baixa em relação a outros países da UE. Praga, enquanto capital, tem uma população de base consideravelmente inferior à de outras capitais da UE. Em particular, as cidades da República Checa são conhecidas por terem um nível de densidade relativamente baixo em comparação com as cidades de outras nações mais densamente povoadas. A densidade populacional atinge cerca de 4600 residentes por cada quilómetro quadrado (12000 pessoas que residem em cada milha quadrada) (OCDE, 2018) em Praga. De acordo com Hussein et al., (2020), a estratégia para a infraestrutura verde na UE, atua como um passo fundamental para o sucesso da Estratégia de Biodiversidade e Conservação, que foi adotada em 2013, que pretendia desenvolver um quadro político robusto com vista a incentivar e permitir projetos de IG que utilizassem ferramentas legais, políticas e financeiras prevalecentes. A cidade de Praga tem sido parte integrante desta estratégia desde 2013, tendo iniciado passos importantes para se tornar uma cidade sustentável. A estratégia dos distritos da cidade de Praga consiste em adaptar-se às alterações climáticas com a intenção de melhorar o ambiente para os seus habitantes. A cidade de Praga adoptou uma abordagem multifacetada para se adaptar às alterações climáticas e melhorar o ambiente para os residentes. Esta abordagem incluiu o aumento das florestas urbanas e dos espaços verdes para superar os efeitos da ilha de calor, o incentivo a opções de transporte sustentável, como o ciclismo e os transportes públicos, para reduzir as emissões, a aplicação de normas para edifícios energeticamente eficientes para reduzir o consumo de energia e o fomento do envolvimento da comunidade nos esforços de resiliência climática. Além disso, a cidade de Praga também efectuou investimentos em sistemas de gestão da água para fazer face a quaisquer riscos de inundações e melhorar a conservação da água. Estas iniciativas concertadas demonstram o empenhamento da cidade em desenvolver um ambiente urbano resiliente e sustentável para os seus residentes.

O desenvolvimento territorial da cidade de Praga começou a partir de 1784, ao longo do rio Vltava, com a fusão de quatro cidades de Praga. O último alargamento ocorreu no ano de 1974, e expandiu-se para leste e oeste ao longo do corredor do rio e sobre as encostas que bifurcavam os vales do rio, com uma maior preferência pelas encostas viradas a sul. Neste processo, foram incluídos cerca de 30 municípios, que no seu conjunto constituíam 37 territórios cadastrais. O processo de elaboração do mapa foi dificultado por alterações nos limites dos territórios cadastrais de municípios individuais ligados a Praga. Praga assistiu à maior suburbanização e urbanização de todos os municípios da República Checa. Durante os períodos entre 1985 e 2000, registou-se um aumento das áreas construídas de 1,1% do território para cerca de 8,1%. No entanto, Praga continua a ter uma grande parte de terras naturais e agrícolas no seu território (Salama et al., 2020).

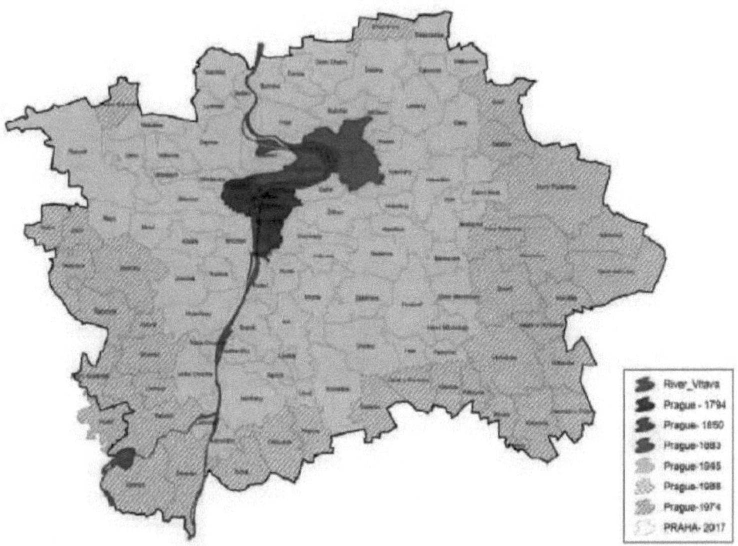

Figura 7. Desenvolvimento territorial em Praga (Autor)

Na cidade de Praga, as áreas verdes urbanas ocupam 55,3% e a biodiversidade é dividida em diversas classes de vegetação para representar as áreas mais intensamente vegetadas (vegetação arbustiva e arborizada) e as áreas impermeáveis, como água, áreas construídas, solo exposto e sombra. O classificador que identifica as quebras naturais divide o conjunto de informações em porções de mesmo comportamento (Rocha et al., 2018). O classificador que identifica quebras naturais segrega os dados em segmentos que projectam um comportamento semelhante. Esta abordagem permite agrupar elementos com base em padrões inatos em vez de limiares arbitrários. Por exemplo, de acordo com os princípios do planeamento urbano, poderia classificar áreas de densidade de vegetação ou dinâmicas de fluxo de água. Através de uma compreensão das divisões naturais, é fundamental para identificar áreas que têm o mesmo tipo de funções ecológicas ou susceptibilidades, facilitando intervenções direcionadas, como iniciativas de plantação ou estratégias de mitigação de inundações. Eventualmente, este método de classificação ajuda a otimizar os procedimentos de tomada de decisões e a atribuição de recursos, promovendo uma gestão sustentável e de grande impacto da IG em ambientes urbanos. O plano estratégico de Praga também define os fundamentos do planeamento geral de drenagem e gestão de inundações para a cidade e um plano de desenvolvimento para o sistema de esgotos e abastecimento de água. O plano geral de gestão das inundações e de drenagem da cidade de Praga foi aprovado em 2002 pela Câmara Municipal de Praga e surgiu como um instrumento estratégico que orienta o investimento, o planeamento e o funcionamento das medidas de gestão das inundações, assegurando simultaneamente a drenagem dos esgotos e das águas pluviais. O objetivo do plano de saneamento e abastecimento de água era assegurar a gestão das águas residuais e um abastecimento adequado de água potável para a cidade. A cidade de Praga dispõe igualmente de um sistema integrado de transportes que pode ser considerado como um sistema de infra-estruturas cinzentas. Este sistema integrado de transportes é frequentemente referido como um sistema de infra-estruturas cinzentas devido à sua extensa rede de pontes, estradas e linhas ferroviárias, que dominam a paisagem nas zonas urbanas. Este termo enfatiza a dependência de estruturas convencionais, baseadas em betão, para o transporte. O sistema de transportes em Praga depende fortemente desta infraestrutura cinzenta para ter em conta o substancial tráfego pendular da cidade e também para apoiar as actividades económicas. Independentemente das iniciativas para incorporar modos de transporte sustentáveis, como bicicletas e eléctricos, o domínio da infraestrutura cinzenta continua a persistir. No entanto, a noção de desenvolvimento de IG continua a ser um objetivo, embora a cidade esteja a trabalhar para o alcançar. Por exemplo, Praga estava também a adotar uma plataforma para infra-estruturas verdes e azuis pela segunda vez por volta de 2020, plantando milhões de árvores ao longo das ruas para resolver o problema das alterações climáticas.

Sabe-se que a IG em Praga está profundamente enraizada no compromisso da cidade para com o desenvolvimento urbano e a sustentabilidade. Esta noção ganhou muita atenção durante o período inicial da década de 2000, à medida que a cidade de Praga tentava contrariar os problemas ambientais associados à rápida urbanização (Badura et al., 2021). No período inicial da década de 2000, à semelhança de várias outras cidades, Praga foi confrontada com grandes desafios ambientais associados à rápida urbanização. Um conceito que ganhou muito interesse durante este período foi a noção de telhados verdes. Os telhados verdes consistem em cobrir os telhados com vegetação, o que pode ajudar a ultrapassar vários problemas ambientais, como o efeito de ilha de calor, a poluição do ar e o escoamento das águas pluviais. Praga tentou enfrentar os seus desafios ambientais, promovendo a instalação de telhados verdes em toda a cidade. Esta ideia tinha como objetivo ultrapassar os desafios que a cidade enfrentava de uma forma eficaz. No entanto, no que diz respeito ao sucesso desta iniciativa, a aplicação de telhados verdes em Praga tem mostrado resultados promissores. Os telhados verdes revelaram ter um impacto na redução do efeito de ilha de calor, oferecendo isolamento natural e absorção da radiação solar. Além disso, os telhados verdes também são úteis na retenção das águas pluviais, reduzindo a pressão sobre os sistemas de drenagem da cidade em situações de precipitação extrema. Embora possa ser difícil quantificar todo o grau de sucesso dos telhados verdes em Praga, a sua adoção contribuiu definitivamente de forma positiva para as iniciativas da cidade no sentido de ultrapassar os desafios ambientais associados à rápida urbanização. No entanto, o sucesso global dependeria de diversos aspectos, como o nível de aplicação, as práticas relativas à manutenção e o acompanhamento dos indicadores ambientais. (KONÁSOVÁ, 2019).

Contribuição das infra-estruturas verdes para a promoção da resiliência urbana em Praga

Para alcançar a resiliência urbana, é essencial que o governo de Praga estabeleça uma estratégia local de gestão do risco de catástrofes para mitigar os impactos associados às alterações climáticas. Tendo em conta a crescente intensidade e frequência de eventos relacionados com o clima, como ondas de calor, inundações e tempestades, é imperativo que o governo inicie medidas de natureza proactiva. Isto começaria com a execução de uma avaliação pormenorizada da suscetibilidade de Praga a tais perigos. Através de uma compreensão dos riscos específicos colocados pelas alterações climáticas, as autoridades poderiam afetar melhor os recursos, dando prioridade às áreas que requerem maior intervenção. Notavelmente, este procedimento precisa de incluir um envolvimento ativo com as empresas, comunidades e organizações locais. As suas experiências e percepções seriam de grande valor na estruturação de uma estratégia que seja eficaz e inclusiva. Com base na colaboração, a estratégia poderia ser personalizada para atender às necessidades e preocupações distintas de populações e bairros variados na cidade de Praga. A execução de sistemas de alerta precoce seria outro aspeto integrante da estratégia. A divulgação de informações e os alertas atempados poderiam reduzir substancialmente o impacto das catástrofes, facilitando a resposta rápida e as iniciativas de evacuação. A realização de investimentos em infra-estruturas resistentes reforçaria ainda mais a capacidade da cidade para resistir e recuperar de eventos relacionados com o clima. De um modo geral, o estabelecimento de uma estratégia sólida para a gestão de catástrofes evidenciaria o empenho do governo de Praga na segurança e no bem-estar dos seus residentes quando confrontados com as alterações climáticas. Ao iniciar passos proactivos, a cidade estaria em posição de superar os riscos, melhorar a resiliência e desenvolver um futuro altamente sustentável.

A estratégia incluiria a apresentação regular de relatórios sobre ocorrências perigosas de pequena escala que não são registadas nas bases de dados globais de perdas por catástrofes. No entanto, a execução das conclusões derivadas do Modelo do Sistema Urbano pode ser confrontada com desafios devido à falta de transparência, a deficiências na governação urbana e a restrições nos recursos humanos e financeiros. Estes factores tendem a resultar em enviesamentos em termos de avaliação socioeconómica e num baixo desempenho em matéria de resiliência urbana. O Modelo de Sistema Urbano (MUS) refere-se a uma estrutura que tem sido utilizada por investigadores, planeadores urbanos e decisores políticos para compreender e avaliar as intrincadas interações nas regiões urbanas. A ideia é simular e prever diversas facetas dos sistemas urbanos, como a dinâmica populacional, os padrões de utilização dos solos, as iniciativas económicas, as redes de transportes e os impactos ambientais. Tipicamente, o USM integra diversas fontes de dados, que incluem dados demográficos, dados de transportes, dia de utilização do solo, dados ambientais e indicadores económicos. São utilizadas técnicas computacionais, como a simulação, a modelação matemática e a análise de dados, para representar o comportamento dinâmico dos sistemas urbanos ao longo de um período de tempo (Bélinga & Haziti, 2023). O modelo USM facilita às partes interessadas a análise de vários cenários e políticas para avaliar os seus possíveis impactos na população e no ambiente urbano. Por exemplo, os decisores políticos podem utilizar o USM para avaliar o impacto da execução de novas infra-estruturas de transportes, regulamentos de zonamento ou estratégias de desenvolvimento económico em aspectos como a qualidade do ar, o congestionamento do tráfego, a equidade social e os padrões de utilização dos solos.

A resiliência urbana tem sido amplamente debatida e integrada na elaboração de políticas, quando se considera a IG nas áreas urbanas da República Checa. Consequentemente, é pertinente que sejam realizadas investigações em termos de métodos para mapear e medir técnicas para alcançar a resiliência urbana e como a

IG contribui para isso em Praga. As pesquisas realizadas no passado (Karabakan & Mert, 2021) indicaram que a resiliência adaptativa pode ser mapeada para medir o impacto da infraestrutura verde, e que as medidas de cima para baixo podem ser normalmente utilizadas para mapear a resiliência inata.

A resiliência adaptativa refere-se à capacidade de um sistema natural para resistir e recuperar de perturbações, mantendo a funcionalidade e oferecendo vantagens. Inclui a conceção e gestão de espaços verdes para antecipar e adaptar-se a situações ambientais em mudança, como as alterações climáticas e as pressões da urbanização. Esta abordagem incorpora vários tipos de solo, vegetação e caraterísticas hidrológicas para melhorar os serviços ecossistémicos, como o apoio à biodiversidade, a atenuação das inundações e o sequestro de carbono. Ao fomentar a diversidade e a flexibilidade, garante-se, através da resiliência adaptativa, que a infraestrutura verde continua a ter impacto mesmo quando confrontada com incertezas, encorajando o desenvolvimento sustentável e melhorando o bem-estar do ambiente e das comunidades humanas. A resiliência inata, por outro lado, diz respeito a uma capacidade inata de suportar e se adaptar ao stress ambiental. Essa resiliência emergirá de processos e caraterísticas naturais como a composição do solo, a biodiversidade e os ciclos hidrológicos, que melhoram a funcionalidade e a estabilidade. As infra-estruturas verdes, que incluem zonas húmidas, florestas e telhados verdes, absorvem e atenuam diversas perturbações, como a poluição e fenómenos meteorológicos extremos. Com base na autorregulação e nos serviços ecossistémicos, sustenta a saúde e a funcionalidade dos ecossistemas (Calheiros & Stefanakis, 2021). Esta resiliência inerente não só é fundamental para manter o equilíbrio ecológico, como também oferece benefícios a longo prazo, como a conservação da biodiversidade, a regulação do clima e o bem-estar da comunidade.

No entanto, os mapas de resiliência raramente investigam a forma como a infraestrutura verde contribui para a resiliência urbana, não projectando, de facto, a capacidade de evolução ou adaptação dos sistemas, nem a caraterística sistémica da resiliência. Os mapas de resiliência ignoram frequentemente o papel vital desempenhado pela infraestrutura verde na melhoria da resiliência urbana. A infraestrutura verde, incluindo os espaços verdes, supera os riscos ambientais, oferece um amortecedor contra as catástrofes naturais e fomenta a coesão da comunidade. A compreensão da contribuição da infraestrutura verde é necessária para o planejamento abrangente da resiliência urbana e do desenvolvimento sustentável (Liu et al., 2020). A infraestrutura verde funciona maioritariamente com energia solar captada através da fotossíntese, o que a torna geralmente menos poluente e cada vez mais neutra em termos de carbono, em comparação com as "infraestruturas cinzentas" construídas pelo homem, que são frequentemente alimentadas pela combustão de combustíveis fósseis. Estas qualidades da infraestrutura verde urbana em Praga poderiam contribuir para sistemas altamente sustentáveis e conservadores de carbono. Em Praga, a infraestrutura verde urbana projecta qualidades como o aumento da biodiversidade, oportunidades recreativas e gestão das águas pluviais. A vegetação variada dentro da cidade alimenta habitats para a vida selvagem, ao mesmo tempo que ultrapassa as questões da poluição atmosférica e dos efeitos da ilha de calor (Hladíková & Jebavý, 2020). Os espaços verdes estrategicamente colocados, como florestas e parques urbanos, atenuam as inundações e melhoram a qualidade da água, absorvendo o excesso de água da chuva. Além disso, estas áreas proporcionam aos visitantes e residentes amplos espaços de relaxamento, interação social e exercício, contribuindo simultaneamente para o bem-estar mental e físico (Skokanová et al., 2020b). A incorporação de infra-estruturas verdes no tecido urbano de Praga melhora a resiliência da cidade aos desafios ambientais, oferecendo simultaneamente várias vantagens sociais. Os sistemas de conservação de carbono referem-se a abordagens que se centram na redução das emissões de carbono, maximizando simultaneamente o sequestro de carbono para ultrapassar as alterações climáticas. Estes sistemas abrangem diversas estratégias em sectores como os transportes, a indústria, a energia e a agricultura. Por exemplo, fontes de energia renovável, como a energia eólica e solar, que diminuem a dependência dos combustíveis fósseis, reduzindo assim as emissões de carbono (Maksymenko et al., 2023). Além disso, as iniciativas de reflorestação e florestação ajudam a absorver o dióxido de carbono do ambiente. As práticas agrícolas, como a rotação de culturas e o plantio direto, podem melhorar o sequestro de carbono do solo. A eficiência no planeamento urbano, a promoção dos transportes públicos e o incentivo às tecnologias com baixo teor de carbono contribuem para reduzir a pegada de carbono. Os sistemas de conservação do carbono dão prioridade à responsabilidade ambiental e à sustentabilidade, pretendendo estabelecer um equilíbrio entre a iniciativa humana e o ciclo do carbono da Terra para conservar o planeta para as gerações futuras. Assim, pode-se argumentar que a IG urbana contribui de facto para a resiliência urbana com base nos atributos que credibilizam os sistemas resilientes (Darnhofer et al., 2016).

5. Resultados e constatações

Aplicação do MSPA em Praga

Seguindo a análise anterior para a avaliação da qualidade e caraterísticas da GBI em Praga, o MSPA é adotado para identificar as ligações espaciais e a fragmentação entre elas. O MSPA de Praga gerou um resultado dos 7 elementos da rede de GBI como se segue:

-Do total de 296 quilómetros quadrados de GBI na cidade, 28,6% constituem áreas centrais,

-enquanto 15% são constituídos por elementos de ligação, como pontes e laços.

Os distritos urbanos contêm principalmente LAFUs isoladas que são autónomas e se enquadram em categorias como áreas abertas mais pequenas, como parques e jardins. Os loops ligam ao mesmo núcleo, enquanto as pontes ligam núcleos diferentes, e são selecionados como ligações que unem os núcleos. As grandes áreas centrais na periferia da cidade estão divididas por estradas ou linhas de caminho de ferro e são normalmente identificadas como pontes com base nos resultados do MSPA (Figura 6).

Estes divisores lineares podem servir como pontos focais importantes para reduzir a fragmentação dos núcleos adjacentes, melhorando a sua qualidade e apoiando os movimentos das espécies.

Ao sobrepor e intersectar os núcleos e ligações da MSPA com os tipos de utilização do solo, surge uma imagem mais pormenorizada. A Figura 6 mostra os núcleos e ligações subdivididos em florestas, terrenos abertos/campos agrícolas, zonas industriais abandonadas e massas de água. As ligações dos núcleos florestais, seguidas das ligações das massas de água, possuem o maior valor e necessidade de proteção, uma vez que estas GBIs são os pontos mais ricos em ecossistemas e biodiversidade. As terras agrícolas, as áreas abertas e as zonas industriais abandonadas, embora necessitem de aumentar o seu valor através de estratégias sustentáveis, podem beneficiar de melhores ligações que as liguem após as das florestas e das massas de água. Com a ajuda das avaliações da utilização do Lade e a sua intersecção com os resultados da MSPA, uma visão coesa e múltiplas estratégias são discutidas na secção seguinte.

No que diz respeito à distribuição dos tipos de núcleo e de ligação entre os bairros de Praga, é de notar que, em vários bairros, as áreas de núcleo e de ligação são 30% a 40% mais pequenas do que a sua infraestrutura total verde-azul 429 LaFU. Esta redução de área deve-se principalmente à remoção de elementos MSPA, tais como ilhotas e ramais.

Esta dedução na área é observada principalmente em zonas urbanas com proporções significativas de infra-estruturas verdes fragmentadas sob a forma de espaços abertos urbanos, como parques ou jardins.

Compreender a presença e a distribuição das ligações, especialmente as dos núcleos florestais, é crucial para conceber estratégias e estabelecer prioridades para proteger e melhorar a sua qualidade, desencorajando simultaneamente a fragmentação dos ecossistemas. A Figura 6 indica distritos não urbanos, como Praga 5, 6, 12, 13, 14, 20 e 21, bem como distritos urbanos periféricos, como Praga 8, 9 e, com uma maior proporção de ligações florestais. Alguns destes distritos, como Praga 12 e 21, têm GBI que se enquadra na necessidade de ação obrigatória de primeiro grau. Isto sublinha a necessidade de estratégias para dar prioridade à proteção de ligações e núcleos nestes distritos.

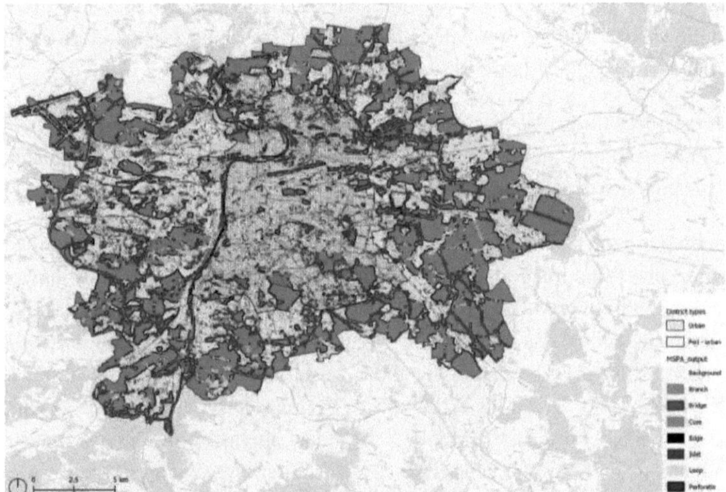

Figura.6. Resultados da MSPA com 7 elementos de padrão morfológico (Fonte: Autor, 2024)

5.1. Impacto das políticas ambientais nas infra-estruturas verdes e azuis

O impacto de todas as políticas ambientais mencionadas, captado pelo modelo MSPA-Verde, aumenta o IA (Índice de Aprovação). O seu nível de pré-desenvolvimento de 12% confirma que as GBI são realmente necessárias e podem ajudar. O nível pós-desenvolvimento de quase 30% de aprovação prova que essas políticas, se totalmente aprovadas, são capazes de aumentar a relevância da rede de GBIs. Este incremento pode assegurar que o país possa efetivamente beneficiar do aumento da GBI e dos seus serviços ecosistémicos. O método MSPA demonstra claramente o caminho para a sua aprovação e a contribuição como ESONRI é maximizada.

Foram favorecidas as políticas ambientais com um impacto direto no GBI e no seu ESS (Sistema de Apoio Ambiental e Estrutura do Ecossistema). Estas incluem a restauração ecológica, a conservação das florestas com normas de habitat da vida selvagem, a gestão sustentável das florestas para produção certificada, normas de agricultura biológica e reforma agrária. Com estas políticas, o IA (Índice de Aprovação) aumentou 16,5%. Outras políticas com uma relação menos direta incluem a conservação da biodiversidade com convenções internacionais e nacionais, a gestão integrada para a proteção da zona costeira, a inclusão de grandes massas de água específicas no planeamento urbano, zonas de proteção da água em torno de reservatórios para energia hidroelétrica e drenagem urbana sustentável. (Shinkevich, 2020).

5.2. Medidas de resiliência nas cidades selecionadas

Em termos de medidas de resiliência, a proposta aplica a Análise de Proximidade Espacial Multi-Método (MSPA) como um apoio à decisão para Melbourne e Curitiba em relação à conexão e adição de mais áreas à rede existente de espaços verdes, com base na sua proximidade espacial. O resultado da MSPA mostrou que há muitas áreas potenciais próximas à rede existente de espaços verdes em ambas as cidades, e essas áreas estão idealmente na proximidade da infraestrutura urbana, áreas de crescimento urbano, e/ou áreas de alto risco de superaquecimento, inundações, e/ou assentamentos informais. Esta perceção poderia orientar uma análise mais pormenorizada da sua localização e ser relevante como novos candidatos para aumentar a resiliência através de novos espaços verdes na rede de ambas as cidades. E também, poderia ser aplicável noutras cidades para apoiar a sua tomada de decisão sobre novas GBI relativas à sua resiliência urbana. (Xuejing et al.2021).

De acordo com os resultados, ambas as cidades estão a aplicar medidas de Infraestrutura Verde e Azul (GBI) para aumentar a sua resiliência. Em Melbourne, com o objetivo de proteger as comunidades do aumento dos fenómenos meteorológicos, a cidade aplica medidas de GBI em parques, áreas naturais suburbanas e cursos de água para reduzir os riscos associados a fenómenos de calor extremo. Melbourne apoia a rede de refúgios de calor existente, estabelecendo uma série de novos espaços frescos em instalações comunitárias, centros comerciais, instituições de ensino e outros edifícios localizados em todo o município. Todas estas áreas podem ser ligadas por percursos pedestres sombreados, que podem fazer parte da rede mais alargada de áreas naturais e de trilhos aquáticos. Para além de reduzir os riscos de incêndios florestais através da criação de um ambiente urbano mais resistente, a proposta reconhece que um risco reduzido de incêndios florestais aliviará a carga sobre os serviços de emergência e melhorará a segurança pública.

As medidas de resiliência aplicadas em Melbourne e Curitiba estão dentro dos indicadores do City Resilience Framework (CRF), estando relacionadas com a liderança, estratégia e planeamento. Em Melbourne, as principais medidas de resiliência tomadas estão relacionadas à liderança, com a criação do cargo de Chief Resilience Officer e a adoção da Estratégia Melbourne Resiliente. Esta estratégia estabelece um quadro de parceria entre o governo, o sector privado (empresas e indústria), o meio académico e as organizações comunitárias que trabalham em conjunto em oito temas de resiliência, partilhando conhecimentos, coordenando actividades e construindo a sua própria resiliência e a da cidade. Em Curitiba, as principais medidas de resiliência tomadas estão relacionadas à estratégia e ao planejamento, incorporando boletins sobre Mudanças Climáticas e Cidades Resilientes, bem como o Instituto de Pesquisa Urbana, com o apoio da Universidade Federal do Paraná (UFPR), para orientar a política e o planejamento da Secretaria Municipal do Urbanismo e do Instituto Municipal de Planejamento Urbano (IPPUC), considerando os desafios colocados pela resiliência e pelas mudanças climáticas na cidade. (Fastenrath & Coenen, 2021).

6. Discussão

Esta investigação propôs um método MCDA melhorado para derivar eficazmente o melhor valor global acordado socialmente das soluções GBI, o que aumenta o seu desempenho e credibilidade quando as soluções GBI se confrontam com a redução dos impactos das alterações climáticas que se aproximam rapidamente. É importante notar que a abordagem proposta pode ser aplicada a muitas situações diferentes de GBI em vários locais. O poder desta abordagem reside no facto de ser suficientemente flexível para incorporar qualquer conjunto de atributos específicos de avaliação da GBI, sendo assim facilmente adaptada a novos conjuntos de atributos ou a diferentes locais para novas soluções semelhantes.

Apresentámos um modelo de decisão abrangente de múltiplos atributos que incorpora atributos sociais utilizando a técnica de avaliação da atratividade por categorias com uma função de preferência social para a aplicação de infra-estruturas verdes e azuis no território das cidades para aumentar a resiliência em resposta às alterações climáticas, a fim de apoiar a tomada de decisões. Foi então realizado um estudo de caso para validar a abordagem através da perceção das partes interessadas relativamente aos múltiplos atributos e à decisão sobre a melhor alternativa de GBI. Os resultados e o feedback do estudo de caso demonstraram que o modelo executou com exatidão a tomada de decisões baseada em atributos e, assim, derivou um valor global para cada decisão.

6.1 Implicações para a política e a prática

As políticas de outros sectores podem trabalhar em cooperação com as políticas ambientais para identificar as populações vulneráveis e o planeamento recomendado do uso do solo para criar projectos de infra-estruturas verdes e azuis que possam ser implementados em torno dos aglomerados informais. O facto de alguns elementos da infraestrutura verde localizados perto de aglomerados informais não contribuírem para a resiliência pode sugerir que os decisores políticos devem dar prioridade à implementação de outros elementos da infraestrutura verde fora dos aglomerados formais e combiná-los com vias de acesso da população a estas alternativas.

As políticas destinadas a beneficiar e ajudar os mais pobres devem ser capazes de identificar quem são esses potenciais beneficiários. Os responsáveis pelas políticas ambientais precisam de ter capacidades e ferramentas que permitam identificar e caraterizar estas populações vulneráveis em termos dos seus atributos ambientais a nível de pequenas áreas.

O primeiro passo deve ser facilitar as caraterísticas informais comummente identificadas e construídas com as partes interessadas em cada norma formal e melhorar cada elemento de infraestrutura verde e azul, como a adição de vegetação aos canais de drenagem de águas pluviais e a criação de zonas verdes em locais identificados com elevada vulnerabilidade social e ambiental.

As nossas estimativas empíricas derivadas do modelo MSPA fornecem várias lições e perspectivas para os decisores políticos que procuram apoiar as populações desfavorecidas em aglomerados informais para melhorar os elementos de infra-estruturas verdes e azuis e aumentar a resiliência dos seus residentes. Estas políticas estão a impedir um grande grupo de pessoas de cair na pobreza extrema e a ajudá-las a sair dela.

Conclusões e recomendações

Atualmente, as cidades sofrem um efeito climático que representa um grave problema para os seus habitantes. A incidência do clima nas áreas urbanas implica uma série de efeitos que, por sua vez, gera uma série de impactos que prejudicam as pessoas e o bom funcionamento da cidade. Uma série de políticas ambientais e urbanas podem ajudar a reduzir estes efeitos. O crescimento urbano pode ser atenuado, permitindo apenas a consolidação ou renovação urbana em determinados locais, evitando que os efeitos nocivos das emissões geradas pelos transportes sejam absorvidos pelos edifícios, que geram ilhas de calor, por exemplo. As zonas verdes são necessárias para absorver o CO2 e gerar O2, permitindo um ambiente mais saudável para a população. A utilização dos transportes públicos pode ser incentivada através da inserção de vias de circulação para os automóveis, por exemplo.

Este capítulo apresenta as conclusões e algumas recomendações derivadas do estudo. O grande crescimento urbano gerou uma série de efeitos climáticos que afectam as cidades e os seus habitantes. A resiliência das cidades começou a ser estudada com o objetivo de as proteger do clima e dos seus efeitos. Observa-se que um conjunto de infra-estruturas verdes e azuis é capaz de alterar a resiliência de uma cidade, aumentando-a ao diminuir os efeitos das alterações climáticas, dos fluxos, do impacto ambiental e da paragem. Estes elementos de infra-estruturas naturais contribuem igualmente para melhorar a qualidade ambiental dos habitantes das cidades. A implementação de políticas ambientais para forçar a criação ou a manutenção destes elementos de infra-estruturas verdes e azuis torna-se cada vez mais necessária. A utilização da Análise de Políticas Multi-Estado (MSPA) neste tópico é utilizada pela primeira vez e é capaz de lidar com políticas relacionadas com cada elemento de infraestrutura.

Resumo das principais conclusões

Com base em todas as políticas ambientais avaliadas, pode-se concluir que a melhor maneira possível de avançar no sentido de estabelecer essa preparação é através de projectos desenvolvidos sob regras que apoiam a ideia de GBIs como áreas verdes públicas (GPA). Estes projectos podem, por sua vez, ser localizados e implantados através de uma política de controlo/guia da localização verde (GL) e do controlo da paisagem verde urbana (GULC). Além disso, os projectos estarão seguros, tanto na sua implementação como nos seus resultados, através de uma estratégia que engloba regras de garantia de localização e implantação verde

(AGLASS) e de controlo e gestão da paisagem verde urbana (GULCM).

O objetivo geral deste estudo é dar uma resposta ao tipo de política ambiental mais adequado para melhorar os projectos de resiliência das GBIs prontos a implementar nas cidades. Através da aplicação do método MSPA, esta investigação encontrou algumas diretrizes para responder a essa questão. Várias conclusões importantes emergem deste estudo. O método MSPA7.2 permitiu a classificação de GBIs específicas nas áreas de política, estratégia, programa e projeto. Das 63 combinações e permutações possíveis de GBIs e MSPA, o estudo determinou que há 21 dessas GBIs específicas que podem ser classificadas como projectos que estão prontos para serem implementados.

Participação do público na tomada de decisões em matéria de ambiente

A participação ativa dos cidadãos no processo de tomada de decisões em matéria de ambiente ganhou importância nos últimos anos por uma série de razões. Verificou-se que o envolvimento do público na política e no processo de tomada de decisões contribui para resultados políticos melhores e mais legítimos e é frequentemente apresentado como uma solução para um suposto "défice democrático". Existem diversas formas de participar no processo de governação a todos os níveis, desde o local ao nacional e internacional, por exemplo, através de consultas públicas, audições públicas ou reuniões de revisão regulamentar. Uma forma recente de participação dos cidadãos é a tomada de decisões em colaboração, que envolve frequentemente representantes de instituições estatais e organizações não governamentais, para além de cidadãos individuais.

A participação em questões ambientais, em particular, é vista como uma forma de reforçar a atenção ao interesse público, uma vez que responde às preferências das populações negativamente afectadas pelos riscos ambientais. Fundamental para todo o processo participativo é a disponibilização de informação pública adequada a todas as partes interessadas e afectadas. As possibilidades e o interesse de uma população em participar no processo de tomada de decisões dependem, em grande medida, do acesso dessa população à informação. Tendo em conta estes múltiplos benefícios, a maioria dos países tende a promover a participação do público em diferentes graus, embora possa existir um fosso substancial entre a teoria e a prática. Entre os factores que têm funcionado como obstáculos a uma participação efectiva contam-se: ausência de informação adequada; restrições ao acesso do público, caso tenham sido concedidos direitos a esse acesso; falta de poder e de recursos adequados; fraca motivação política por parte das autoridades; problemas económicos, tais como limitações financeiras à participação. Enquanto qualquer um destes factores restringir a participação, esta tornar-se-á meramente simbólica, ou seja, uma participação simbólica que não respeita nem o espírito nem a letra da decisão que o envolvimento representa. Assim, assegurar uma participação pública efectiva significa não só maximizar o número e o leque de participantes, mas também, e sobretudo, tentar envolver todas as partes interessadas e afectadas. Neste contexto, é também importante ter em conta que as pessoas podem querer participar como indivíduos, organizações comunitárias ou grupos de interesse público; as preferências destes diferentes actores relativamente aos procedimentos de tomada de decisões são susceptíveis de influenciar a participação. Embora não haja dúvidas de que as abordagens participativas são desejáveis, é também essencial explorar as implicações das diferentes formas de participação. Em especial, é necessário analisar se determinados grupos ou indivíduos da sociedade são prejudicados pelo movimento no sentido de uma maior descentralização e, por conseguinte, são marginalizados no processo de tomada de decisão. É provável que os futuros desenvolvimentos na participação pública incluam uma maior utilização das novas tecnologias, permitindo um maior fluxo de informação, um maior ritmo e, sobretudo, a utilização de fóruns electrónicos.

Recomendações para políticas e práticas

Centrando-se nos resultados de uma avaliação da política pública e da sua implementação, surgiram lições significativas sobre a forma como os resultados poderiam ser alavancados para provocar uma mudança positiva, em vez de uma avaliação apenas com o objetivo de criticar. Embora existam preocupações válidas em relação às lacunas na cobertura da IG e das políticas, os locais onde elas ocorrem ofereceriam ganchos significativos em torno dos quais poderiam ser concebidas políticas de planeamento estratégico mais eficazes a nível local e regional. Em áreas que não são cobertas por políticas, seria imperativo identificar conceitos ou termos que tivessem uma tração política robusta, que pudessem ser facilmente compreendidos por diversos intervenientes, para desenvolver apoio ao longo de vários públicos para novas respostas políticas. Em tais situações, o poder da ferramenta de avaliação da política de IG residiria na sua capacidade de atuar como catalisador de mudanças e diálogos positivos. A conceção de um procedimento participativo deliberativo e inclusivo, que inclua todos os interessados pertinentes do sector político nas deliberações sobre a IG, com a utilização de pontes e ganchos-chave, poderá ser fundamental para reforçar as narrativas gerais.

A IG poderá contribuir de forma substancial para a realização dos principais objectivos políticos da UE e de Praga, que estão ligados ao desenvolvimento rural/urbano e regional, à gestão do risco de catástrofes, às alterações climáticas, ao ambiente e à agricultura. Os principais objectivos políticos da UE incluem o desenvolvimento sustentável, a atenuação e adaptação às alterações climáticas, a conservação da biodiversidade, a qualidade e gestão da água, a eficiência dos recursos e a economia circular, bem como o desenvolvimento urbano e rural. Em Praga, os principais objectivos políticos referem-se ao desenvolvimento urbano sustentável, à proteção do ambiente e à ação climática, à gestão do turismo, à preservação histórica e cultural, aos transportes e à mobilidade, bem como à governação e à participação cívica. Esta política também incluiria os objectivos de desenvolvimento sustentável das Nações Unidas a um nível alargado. Estes objectivos incluem, por exemplo, o potencial multifuncional das soluções baseadas na natureza que oferecem pontes significativas, uma vez que os governos e as instituições são obrigados a responder a situações de emergência em matéria de clima, saúde e biodiversidade. Respostas deste tipo necessitam frequentemente de uma liderança robusta e conjunta que leve as pessoas para além das suas áreas de concentração típicas e desenvolva um novo caminho para a inovação nas políticas a vários níveis regionais, locais, nacionais ou globais. Nestes cenários, o envolvimento das partes interessadas em parcerias responsáveis e inclusivas seria a chave para o êxito dos resultados.

Considerando que a infraestrutura verde se refere a uma abordagem ecologicamente consciente do desenvolvimento urbano, inclui uma rede de componentes semi-naturais e naturais, como zonas húmidas, espaços verdes e superfícies permeáveis, que são incorporados no contexto urbano para enfrentar os desafios ambientais. Os profissionais e os decisores políticos têm de sublinhar os aspectos fundamentais que assegurariam a realização efectiva da IG a uma escala ampla e multi-jurisdicional. Desde logo, são da maior importância políticas alargadas que incentivem a multifuncionalidade da IG. Os estudos realizados sublinham a importância dos espaços verdes multifuncionais, salientando o facto de estes oferecerem vantagens sociais, económicas e ecológicas. É imperativo que os decisores políticos identifiquem e estimulem os diversos papéis que os espaços verdes multifuncionais podem desempenhar, nomeadamente no que se refere à atenuação das alterações climáticas, à melhoria da qualidade do ar e à redução do efeito de ilha de calor urbana, à gestão mais eficaz das águas pluviais e à melhoria da biodiversidade líquida. Além disso, é vital um quadro político proactivo que dê ênfase ao envolvimento e à colaboração de vários intervenientes. A inclusão de diversos intervenientes no planeamento, na implementação e na manutenção da

infraestrutura verde melhoraria o seu potencial de sucesso e a sua aceitação em grande escala. A participação do sector privado, do governo local e da sociedade civil poderia garantir que as diferentes perspectivas e necessidades fossem tidas em conta, resultando em soluções de IG altamente eficazes e culturalmente adequadas.
A realização de investimentos na investigação e desenvolvimento de soluções inovadoras em matéria de infra-estruturas verdes constituiria outra faceta importante. Os actuais desenvolvimentos em matéria de tecnologia e conceção poderiam melhorar substancialmente a resiliência e a eficácia das infra-estruturas verdes. Por exemplo, a investigação levada a cabo foi favorável à utilização de paredes e telhados verdes, que apresentaram o seu potencial para atenuar o efeito de ilha de calor urbana, melhorando simultaneamente a qualidade do ar. Além disso, as campanhas de educação e sensibilização têm um papel fundamental a desempenhar para atrair o apoio e a participação do público. Isto está em consonância com as conclusões obtidas através do estudo realizado por Tsantopoulos et al. (2018), que descreveu a forma como a educação e o envolvimento do público foram vitais para fomentar um sentimento de administração e apropriação da IG. As políticas devem ser enquadradas em torno da educação dos cidadãos sobre as vantagens apresentadas pelos espaços verdes, o que resultaria num maior envolvimento das comunidades e no apoio a iniciativas verdes. Além disso, a prática e a política devem concentrar-se no planeamento e na manutenção a longo prazo. Os recursos humanos sustentados e os compromissos financeiros são cruciais para garantir a eficácia e a longevidade dos projectos de infra-estruturas verdes, tal como sublinhado na investigação levada a cabo por Awwad. A adoção das recomendações acima descritas para a política e a prática das infra-estruturas verdes pode contribuir substancialmente para o desenvolvimento de cidades altamente sustentáveis, habitáveis e resilientes. Trata-se de uma abordagem holística que tem em conta os aspectos sociais, económicos e ambientais, criando assim um ambiente urbano altamente sustentável e mais saudável.

Centrando-se nos resultados de uma avaliação da política pública e da sua implementação, surgiram lições significativas sobre a forma como os resultados poderiam ser aproveitados para introduzir uma mudança positiva, em vez de uma avaliação apenas com o objetivo de criticar. Embora existam preocupações válidas em relação às lacunas na cobertura da IG e das políticas, os locais onde elas ocorrem ofereceriam ganchos significativos em torno dos quais poderiam ser concebidas políticas de planeamento estratégico mais eficazes a nível local e regional. Em áreas que não são cobertas por políticas, seria imperativo identificar conceitos ou termos que tivessem uma tração política robusta, que pudessem ser facilmente compreendidos por diversos intervenientes, para desenvolver apoio ao longo de vários públicos para novas respostas políticas. Em tais situações, o poder da ferramenta de avaliação da política de IG residiria na sua capacidade de atuar como catalisador de mudanças e diálogos positivos. A conceção de um procedimento participativo deliberativo e inclusivo, que inclua todos os interessados pertinentes do sector político nas deliberações sobre a IG, com a utilização de pontes e ganchos-chave, poderá ser fundamental para reforçar as narrativas gerais.

A IG poderá contribuir de forma substancial para a realização dos principais objectivos políticos da UE e de Praga, que estão ligados ao desenvolvimento rural/urbano e regional, à gestão do risco de catástrofes, às alterações climáticas, ao ambiente e à agricultura. Os principais objectivos políticos da UE incluem o desenvolvimento sustentável, a atenuação e adaptação às alterações climáticas, a conservação da biodiversidade, a qualidade e gestão da água, a eficiência dos recursos e a economia circular, bem como o desenvolvimento urbano e rural. Em Praga, os principais objectivos políticos referem-se ao desenvolvimento urbano sustentável, à proteção do ambiente e à ação climática, à gestão do turismo, à preservação histórica e cultural, aos transportes e à mobilidade, bem como à governação e à participação cívica. Esta política também incluiria os objectivos de desenvolvimento sustentável das Nações Unidas a um nível alargado. Estes objectivos incluem, por exemplo, o potencial multifuncional das soluções baseadas na natureza que oferecem pontes significativas, uma vez que os governos e as instituições são obrigados a responder a situações de emergência em matéria de clima, saúde e biodiversidade. Respostas deste tipo necessitam frequentemente de uma liderança robusta e conjunta que leve as pessoas para além das suas áreas de concentração típicas e desenvolva um novo caminho para a inovação nas políticas a vários níveis regionais, locais, nacionais ou globais. Nestes cenários, o envolvimento das partes interessadas em parcerias responsáveis e inclusivas seria a chave para o êxito dos resultados.

Recomendações para investigação futura

Neste trabalho, aplicámos um método relativamente novo, a Análise de Populações Únicas Múltiplas (MSPA), que combina a Análise de Populações Únicas (SPA) e a Análise de Populações Múltiplas (MPA) para estudar os efeitos das políticas na perspetiva dos indivíduos pertencentes a diferentes categorias populacionais. Na APE, as políticas desenvolvidas são avaliadas para cada indivíduo da população.

A APE permite avaliar diretamente uma política para cada categoria, como demonstram as estimativas dos parâmetros dos efeitos das políticas. No entanto, estes parâmetros não podem ser obtidos diretamente a partir do MPA. Mas o MPA tem a vantagem de tratar diretamente as questões de inter-relação e, consequentemente, também problemas como os efeitos de arrastamento e as interações entre indivíduos. As vantagens do SPA não são, no entanto, alcançáveis com o MPA. Com o SPA, é possível estimar com precisão não só a probabilidade individual de ser afetado por uma política, mas também a probabilidade conjunta de todos os indivíduos de uma categoria específica. Os MP estimados para a APE têm vantagens em relação à AMP, uma vez que os possíveis efeitos de seleção são tidos em consideração nos contextos de população múltipla.

Este trabalho utiliza a Análise Múltipla de População Única (MSPA) para avaliar os efeitos da política ambiental e estudar o empenhamento na construção de infra-estruturas verdes e azuis entre diferentes categorias de população. O método MSPA é aplicado a uma subamostra selecionada do Painel Sueco sobre o Ambiente e a População em Geral, distinguindo três categorias de população, definidas de acordo com a sua atual localização residencial (centro da cidade, resto do urbano, rural). Um dos resultados do estudo é que a MSPA apresenta vantagens claras na revelação de implicações políticas importantes que permaneceriam ocultas ou mal interpretadas se fosse aplicada uma regressão logística normal ou uma análise de tabulação cruzada. Com base nos resultados da MSPA, o documento discute os efeitos políticos estudados e o nível de empenhamento na construção de infra-estruturas verdes e azuis entre as diferentes categorias de população. Por fim, as principais caraterísticas da MSPA são resumidas e são apresentadas sugestões para investigação futura.

Referências

de Macedo, L. S. V., Picavet, M. E. B., de Oliveira, J. A. P., & Shih, W. Y. (2021). Infraestrutura verde e azul urbana: Uma análise crítica da pesquisa em países em desenvolvimento. Journal of Cleaner Production, 313, 127898. [HTML]

Bellezoni, R. A., Meng, F., He, P., & Seto, K. C. (2021). Compreender e conceituar como a infraestrutura urbana verde e azul afeta o nexo de alimentos, água e energia: Uma síntese da literatura. Jornal de produção mais limpa. sciencedirect.com

Comissão Europeia. (2023). Soluções baseadas na natureza. https://research-and-innovation.ec.europa.eu/research-area/environment/nature-based-solutions_en

Comissão Europeia. (2023). Infra-estruturas verdes. https://environment.ec.europa.eu/topics/nature-and-biodiversity/green-infrastructure_en

Beery, T. H., Raymond, C. M., Kytta, M., Olafsson, A. S., Plieninger, T., Sandberg, M., Stenseke, M., Tengo, M., & Jonsson, K. I. (2017). Fomentar experiências incidentais da natureza através do planeamento de infraestruturas verdes. Ambio, 46(7), 717-730. https://doi.org/10.1007/s13280-017-0920-z.

Davies, C., & Lafortezza, R. (2017). Infraestrutura verde urbana na Europa: o planeamento e a política do espaço verde são compatíveis? Land Use Policy, 69, 93-101. https://doi.org/10.1016Zj.landusepol.2017.08.018.

Pauleit, S., Ambrose-Oji, B., Andersson, E., Anton, B., Buijs, A., Haase, D., Elands, B., Hansen, R., Kowarik, I., Kronenberg, J., Mattijssen, T., Stahl Olafsson, A., Rall, E., van der Jagt, A. P. N., & Konijnendijk van den Bosch, C. (2019). Avanço da infraestrutura verde urbana na Europa: Resultados e reflexões do projeto GREEN SURGE. Urban Forestry & Urban Greening, 40, 4-16. https://doi.org/10.1016/j.ufug.2018.10.006

Conselho, B. C. (2023). Um milhão de árvores. https://www.belfastcity.gov.uk/onemilliontrees.

Calliari, E., Castellari, S., Davis, M., Linnerooth-Bayer, J., Martin, J., Mysiak, J., Pastor, T., Ramieri, E., Scolobig, A., Sterk, M., Veerkamp, C., Wendling, L., & Zandersen, M. (2022). Construir resiliência climática através de soluções baseadas na natureza na Europa: A review of enabling knowledge, finance and governance frameworks. Gestão dos Riscos Climáticos, 37, 100450. https://doi.org/10.1016/j.crm.2022.100450.

Ali Adil, I. A. (2019). Resiliência urbana: um apelo à reformulação dos discursos de planeamento. The Routledge Handbook of Urban Resilience, novembro de 2019, 35-46. https://www.researchgate.net/publication/349125958_Urban_Resilience_A_Call_to_Reframing_Planning_Discourses.

Sahni, S., & Aulakh, R. S. (2021). Uma revisão sistemática da definição de resiliência urbana no contexto do patrimônio cultural com ênfase especial em Amritsar. Revista eletrónica SSRN. https://doi.org/10.2139/ssrn.3778131

Kraft, M. E., & Vig, N. J. (2010). "Política Ambiental: New Diretions for the Twenty-First Century". Em Environmental Policy: New Diretions for the Twenty First Century (8ª ed.). CQ Press.

Wei, Q., Halike, A., Yao, K., Chen, L., & Balati, M. (2022). Construção e otimização do padrão de segurança ecológica na Bacia do Lago Ebinur com base nos modelos MSPA- MCR. Ecological Indicators. sciencedirect.com

Liu, Y., Pan, T., Wang, K., Wang, Y., Yan, S., Wang, L., ... & Huang, S. (2021). Comutação alostérica de calmodulina em uma armadilha de nanoporos de Mycobacterium smegmatis porin A (MspA). Angewandte Chemie International Edition, 60(44), 23863-23870. nju.edu.cn

Monteiro, R., Ferreira, J. C., & Antunes, P. (2020). Princípios de planeamento de infraestruturas verdes: Uma revisão integrada da literatura. Land. mdpi.com

Mumtaz, M. (2021). Papel das organizações da sociedade civil na promoção de infraestrutura verde e azul para a adaptação às mudanças climáticas: Evidências da cidade de Islamabad, Paquistão. Journal of Cleaner Production. researchgate.net

Chen, R., Carruthers-Jones, J., Carver, S., & Wu, J. (2024). Construção de corredores ecológicos urbanos para refletir a diversidade de espécies locais e os objectivos de conservação. Science of The Total Environment, 907, 167987. researchgate.net

Valinejadshoubi, M., Moselhi, O., Iordanova, I., Valdivieso, F., Shakibabarough, A., & Bagchi, A. (2024). O desenvolvimento de um sistema automatizado para uma avaliação da qualidade dos modelos BIM de engenharia: Um estudo de caso. Ciências Aplicadas, 14(8), 3244. mdpi.com

Bibri, S. E. (2021). Um novo modelo para as cidades inteligentes e sustentáveis do futuro orientadas por dados: as transformações institucionais necessárias para equilibrar e fazer avançar os três objectivos de .... Informática para a Energia.

springer.com

Ziervogel, G., Enqvist, J., Metelerkamp, L., & van Breda, J. (2022). Apoio à adaptação climática transformadora: reforço de capacidades a nível comunitário e co-criação de conhecimentos na África do Sul. Climate Policy, 22(5), 607-622. tandfonline.com

McCormick, J. (2023). O papel das ONGs ambientais nos regimes internacionais. The Global Environment. academia.edu

Mahajan, S., Hausladen, C. I., Sánchez-Vaquerizo, J. A., Korecki, M., & Helbing, D. (2022). Resiliência participativa: Sobrevivendo, recuperando e melhorando juntos. Cidades Sustentáveis e Sociedade, 83, 103942. sciencedirect.com

Ma, Y., Geng, X., Wang, J., He, K., & Athanasopoulos, D. (2021). Estrutura de aprendizagem profunda para recomendação de serviço interativo online no desenvolvimento iterativo de mashup. arXiv preprint arXiv: 2101.02836. researchgate.net

Yu, T., Liu, H., Zhang, L., & Liu, H. (2023). MSRDL: Estrutura de aprendizado profundo para recomendação de serviço na criação de mashup. Relatórios científicos. nature.com

Qi, L., Song, H., Zhang, X., Srivastava, G., Xu, X., & Yu, S. (2021). Recomendação de API da web com reconhecimento de compatibilidade para criação de mashup por meio de mineração de descrição textual. ACM Transactions on Multimidia Computing Communications and Applications, 17(1s), 1-19. [HTML]

Kumar, G. (2022). Melhoria da qualidade de serviço (QoS) na Internet das coisas (IoT). refread.com

Boumali, N. E. I., Mamine, F., Montaigne, E., & Arbouche, F. (2021). Fatores determinantes e barreiras para a valorização do caroço do damasco. International Journal of Fruit Science, 21(1), 158-179. tandfonline.com

Engkus, E. (). Desempenho organizacional público: Implementação de políticas de gestão ambiental na cidade de Bandung. Masyarakat. uinsgd.ac.id

Oey, E. & Lim, J. (2021). Desafios e planos de ação no setor de construção devido à pandemia COVID-19 - um caso em imóveis na Indonésia. International Journal of Lean Six Sigma. [HTML]

Lin, Y. S., Liu, Y. C., & Lee, C. C. (2023). Uma estrutura guiada por processo de interação para previsão de desempenho de pequenos grupos. ACM Transactions on Multimedia Computing, Communications and Applications, 19(2), 1-25. nthu.edu.tw

Rader, A. M. (2022). Florestas do Futuro: Dinâmica Sócio-Ecológica da Regeneração de Florestas Tropicais no Corredor Biológico Mesoamericano, México. rutgers.edu.

Prades-Gil, C., Viana-Fons, J. D., Masip, X., Cazorla-Marín, A., & Gómez-Navarro, T. (2023). Um modelo ágil de demanda de energia de aquecimento e resfriamento para edifícios residenciais. Estudo de caso num sector residencial de uma cidade mediterrânica. Renewable and Sustainable Energy Reviews, 175, 113166. sciencedirect.com

Skokanová, H., & Slach, T. (2020). Sistema Territorial de Estabilidade Ecológica como um exemplo regional para o planeamento da Infraestrutura Verde na República Checa. *Landscape Online, 80,* 1-13. https://doi.org/10.3097/LO.202080

Strulak-Wojcikiewicz, R., & Lemke, J. (2019). Conceito de um modelo de simulação para avaliar o desenvolvimento sustentável dos transportes urbanos. *Transportation Research Procedia, 39*(2018), 502-513. https://doi.org/10.1016/j.trpro.2019.06.052.

Marques da Costa, E., & Kállay, T. (2020). *Impactos dos Espaços Verdes na Saúde Física e Mental. 1,* 17. https://urbact.eu/sites/default/files/media/thematic_report_no1_impacts_on_health_healthgreenspace_2910.pdf

Bogusz, M., Matysik-Pejas, R., Krasnodçbski, A., & Dziekanski, P. (2021). O conceito de resíduo zero no contexto do apoio à proteção ambiental pelos consumidores. *Energias, 14*(18), 5964. https://doi.org/10.3390/en14185964

Kalousek, M. (2021). *FACHADA SOLAR PARA CONDIÇÕES CLIMÁTICAS NA REPÚBLICA CHECA. fevereiro.*https://www.researchgate.net/publication/349537853_SOLAR_FACADE_FOR_CLIMATIC_CONDITION_IN_THE_CZECH_REPUBLIC

Mecanismo de apoio a peritos PF4EE. (2019). Projetos de Eficiência Energética na Europa. *Adelphi Consult GmbH, março.* https://pf4ee.eib.org/sites/default/files/2019- 06/PF4EE-ESF_MAR2019_EE Examples Europe.pdf.

Veolia. (2022). *Waste-to-Energy Prospects in the Czech Republic. setembro.*

https://obehove-hospodarstvi.cz/wp-content/uploads/2022/09/1-Energy-presentations-all.pdf.

Jato-Espino, D., Capra-Ribeiro, F., Moscardó, V., Bartolomé del Pino, L. E., Mayor-Vitoria, F., Gallardo, L. O., Carracedo, P., & Dietrich, K. (2023). Uma revisão sistemática sobre os serviços ecossistêmicos fornecidos pela infraestrutura verde. *Urban Forestry & Urban Greening, 86,* 127998. https://doi.org/10.1016/j.ufug.2023.127998

Karabakan, B., & Mert, Y. (2021). Medindo a resiliência da infraestrutura verde na Turquia. *Jornal Chinês de Estudos Urbanos e Ambientais, 09(03).* https://doi.org/10.1142/S2345748121500147

Vávra, J., Cudlinova, E., & Lapka, M. (2014). *Green Growth from the Viewpoint of the Czech Republic [Crescimento verde do ponto de vista da República Checa].* https://www.researchgate.net/publication/273758073_Green_Growth_from_the_Ponto de vista_da_República_Checa

Biernacka, M., & Kronenberg, J. (2019). *Disponibilidade, acessibilidade e atratividade do espaço verde urbano e a prestação de serviços ecossistêmicos.* https://digitalcommons.lmu.edu/cate/vol12/iss1/5/

Badura, T., Krkoska Lorencová, E., Ferrini, S., & Vackárová, D. (2021). Apoio público à política de adaptação climática urbana através de soluções baseadas na natureza em Praga. *Paisagem e Planeamento Urbano, 215,* 104215. https://doi.org/10.1016/j .landurbplan.2021.104215

Hussein, J., Salama, M., Kumble, P., & IV, H. W. . H. (2020). *O impacto da relação entre fronteiras políticas e ecossistemas na criação de oportunidades de infraestrutura verde - a cidade de Praga. dezembro.* https://www.researchgate.net/publication/347540896_The_Impact_of_the_Relation_Between_Political_Borders_and_Ecosystems_in_Creating_Green_Infrastructure_Opportunities_-_the_City_of_Prague

Salama, M., Hussein, J., Kumble, P. A., & Hanson, H. (2020). *A relação entre a posse da terra e a cobertura da terra, afetando a sustentabilidade nas cidades. Estudo de caso da cidade de Praga. novembro.* https://www.scitechnol.com/peer- review/the-relation-between-land-tenure-and-land-cover-affecting- sustainability-in-cities-case-study-the-city-of-prague-nVGR.php?article_id=13355#:~:text=Conclusão,usar como vemos agora.

Rocha, N. A. da, IV, H. W. A. H., Kumble, P., & Hussein, J. (2018). *A relação entre áreas verdes e declive: Estudo de caso a cidade de Praga. junho.* https://www.researchgate.net/publication/327174711_The_relationship_between_green_areas_and_slope_Case_study_the_city_of_Prague

Badura, T., Krkoska Lorencová, E., Ferrini, S., & Vackárová, D. (2021). Apoio público à política de adaptação climática urbana através de soluções baseadas na natureza em Praga. *Paisagem e Planeamento Urbano, 215,* 104215. https://doi.org/10.1016/j.landurbplan.2021.104215

Hejl, M. (2019). História dos telhados de vegetação na República Checa. *Série de conferências IOP: Ciência e Engenharia de Materiais, 566*(1). https://doi.org/10.1088/1757-899X/566/1/012009.

Bélinga, A.-G., & Haziti, M. El. (2023). *Visão geral dos métodos emergentes para prever as caraterísticas da expansão urbana.* https://doi.org/https://doi.org/10.1051/e3sconf/202341803008

Calheiros, C. S. C., & Stefanakis, A. I. (2021). Telhados verdes em direção a cidades circulares e resilientes. *Circular Economy and Sustainability, 1*(1), 395-411. https://doi.org/10.1007/s43615-021-00033-0

Giles-Corti, B., Moudon, A. V., Lowe, M., Adlakha, D., Cerin, E., Boeing, G., Higgs, C., Arundel, J., Liu, S., Hinckson, E., Salvo, D., Adams, M. A., Badland, H., Florindo, A. A., Gebel, K., Hunter, R. F., Mitás, J., Oyeyemi, A. L., Puig-Ribera, A., ... Sallis, J. F. (2022). Criando cidades saudáveis e sustentáveis: o que é medido, é feito. *The Lancet Global Health, 10*(6), e782-e785. https://doi.org/10.1016/S2214-109X(22)00070-5

Hladíková, L., & Jebavý, M. (2020). Avaliação do desenvolvimento de espaços verdes em Praga durante os anos 1901-2010. *Scientia Agriculturae Bohemica, 51*(1), 1521. https://doi.org/10.2478/sab-2020-0003

Maksymenko, N., Burchenko, S., Hrechko, A., & Sonko, S. (2023). Carbonsequestration and provision of green infrastructure in the Ukrainian cities of Kharkiv and Chuguiv in the context of post-war reconstruction. *Ata Horticulturae et Regiotecturae, 26(2),* 90-98. https://doi.org/10.2478/ahr-2023-0013

Ramyar, R. (2017a). CONTRIBUIÇÃO DA INFRAESTRUTURA VERDE PARA A ADAPTAÇÃO ÀS ALTERAÇÕES CLIMÁTICAS NO CONTEXTO DA PAISAGEM URBANA.

Applied Ecology and Environmental Research, 15(3), 1193-1209.

https://doi.org/10.15666/aeer/1503_11931209

Darnhofer, I., Lamine, C., Strauss, A., & Navarrete, M. (2016). A resiliência das explorações agrícolas familiares: Towards a relational approach. *Journal of Rural Studies, 44,* 111122. https://doi.org/10.1016/j.jrurstud.2016.01.013

Wang, Y., Fan, P., Zhang, S., Yan, S., & Huang, S. (2021). Preparação de nanoporos de Mycobacterium smegmatis porina A (MspA) para deteção de molécula única de ácidos nucléicos. Relatórios de Biofísica. nih.gov

Xuejing, W. E. N., Zhi, Z. H. O. U., ZHANG, G., Siyu, J. I. N. G., & ZHANG, P. (2021). Identificação do caminho de áreas-chave para a restauração ecológica do território com base na fusão multimétodo. Revista de Ciência da Engenharia e Revisão de Tecnologia, 14(5). jestr.org

Fastenrath, S. & Coenen, L. (2021). Cidades à prova de futuro através de experiências de governação? Insights da Estratégia Resiliente de Melbourne (RMS). Estudos Regionais. unimelb.edu.au

Printed by Books on Demand GmbH, Norderstedt / Germany